未读 | 探索家 |

你学的数学不可能这么好玩

Nullen machen Einsen groß

超快捷实用的数学应用技巧

[德]霍格尔·丹贝克 著
王一方 译

HOLGER DAMBECK

天津出版传媒集团
天津科学技术出版社

著作权合同登记号：图字 02-2020-34
Originally published in the German language as “Nullen machen Einsen groß”
by Holger Dambeck

图书在版编目（CIP）数据

你学的数学不可能这么好玩：超快捷实用的数学应用技巧 / (德) 霍格尔·丹贝克著；王一方译. -- 天津：天津科学技术出版社，2020.4（2024.3重印）

书名原文：NULLEN MACHEN EINSEN GROß

ISBN 978-7-5576-7534-9

Ⅰ. ①你… Ⅱ. ①霍… ②王… Ⅲ. ①数学 - 普及读物 Ⅳ. ①O1-49

中国版本图书馆CIP数据核字(2020)第049387号

你学的数学不可能这么好玩：超快捷实用的数学应用技巧

NI XUE DE SHUXUE BUKENENG ZHEME HAOWAN：

CHAO KUAIJIE SHIYONG DE SHUXUE YINGYONG JIQIAO

选题策划：联合天际·王微

责任编辑：布亚楠

出　　版：天津出版传媒集团 / 天津科学技术出版社

地　　址：天津市西康路35号

邮　　编：300051

电　　话：（022）23332695

网　　址：www.tjkjcbs.com.cn

发　　行：未读（天津）文化传媒有限公司

印　　刷：三河市冀华印务有限公司

关注未读好书

客服咨询

开本 880 × 1230　　1/32　　印张9.75　　字数180 000

2024年3月第1版第6次印刷

定价：49.80元

目录

二、几何：完美的形与平均分

三、划分与驾驭：横加数与童话数字

四、保证不会松：打结的学问

五、记得快：这样才能牢记数字

六、献给计算专家：特拉亨伯格速算系统

七、数学魔力：玩转数字和出生年份

八、交换与等分：用系统论收集贴纸

九、神乎其技：骰子、纸牌和纸的魔术

前言

Vorwort

在日常生活中，我们常常需要一次又一次地解决数学问题，这花费了我们很多时间。这一过程有时很有趣，但有时也让人心烦。难道就不能快一点吗？一定要这么复杂吗？

人是有创造力的生物！几个世纪以来，聪明的思想家们开发了许多技巧和妙招，它们可以帮助我们更轻松地玩转数字、三角形和圆形，这也正是本书的主要内容。

你将会了解到很多精妙的简便方法，当你再面对“3 238 × 5=？”这类题时，你便可以立刻写出它们的答案。我在这里先向你透露一点：实际上，我们在计算时用的不是乘以 5 的方法，而是除以 2 的方法。你使用本书中的技巧通常会比计算器算得快。尽管有些“绝技”的运算时间可能会稍长一些，但那也比按计算器上的键有趣多了。

我还会告诉你如何避免孩子们在生日派对上因蛋糕的分配

不均而争吵，而解决这一问题只需圆规、尺子和铅笔就够了！有了这些，你就可以像切比萨一样将大蛋糕分成 5 块、6 块、8 块，甚至 10 块，重点是每块蛋糕的大小都一样，这都要感谢数学家欧几里得。此外，人们在本书中还将会学到如何把任意一个角三等分。

本书中的许多计算技巧都源于那些没有计算尺、计算器或计算机的年代。那时，人们别无他选，只能心算或笔算。尤其是那些经常与数字打交道的人，更应该感谢那些绝妙的简便方法，这些方法帮他们省去了大量烦琐且易出错的数字运算。

在众多速算方法中，苏联天才数学家雅科夫 · 特拉亨伯格（Jakow Trachtenberg）的特拉亨伯格速算法最让人惊叹不已。这一算法在 20 世纪 40 年代被提出并得到发展，不过它的真正兴盛期是在 20 世纪 60 年代前后。但不久后，它就销声匿迹了。这一算法或许可以说是电脑、计算器以及推崇笔算的保守数学教学的受害者。在第 6 章中，你将会了解到这种变魔术般的计算方法。

"魔术"是一个非常恰当的关键词：在本书的前两章中，我会介绍到这种基于数学的魔术。这里说的魔术不仅能预测观众所想的数字，还包括各种用骰子、纸、钱、多米诺骨牌和扑克牌完成的魔术。这些小把戏是如此多，足够让你举行一场自己的小型数学魔术表演。

与已出版的那两本书（《三个逻辑学家去酒吧》《你学的数学可能是假的》）一样，在本书中我也收集了许多数学谜题，分布在每章的章节末尾处，你可以试试看能不能解出它们的答案。它们的难易程度是根据星号的数量区分的，从1星到4星，星数越多，难度越大。

本书的德语原书名是《0使1更大》(*Nullen machen Einsen groß*)，它其实包含了双重含义，甚至能帮助你解决下面的这个小小的数字谜题：你需要移动哪两根火柴，才能使等式成立？

77+23=88

我喜欢这类脑筋急转弯，因为它们将数字和几何结合在一起，可以培养人的创新思维。你想出上面谜题的答案了吗？答案是：先分别拿走等号右边的两个“8”中间的那根水平小棍，这样它们就从“88”变成了“00”；接下来把刚才拿出来的那两根小棍组成“1”的形状，摆放在右起第二个“0”的左侧。你看，这样一来，方程式就成立了：77+23=100。

最后，预祝你阅读愉快，希望你也会像我一样由衷地感叹数学具有的奥秘。

霍格尔·丹贝克

一、总是加法：算术窍门与数字戏法

在学校时，我们都会学习乘法口诀及笔算的加法和乘法。几个世纪以来，为了让各种复杂的高难度计算题变得简单一些，人们研究出了许多令人叹为观止的算术技巧。遗憾的是，这些小技巧一直都没能成为学校教学大纲里的一部分。

实际上，我根本不想写这一章。因为这一章的内容是关于算术的，但我觉得算术和数学并没有太大关系。在我看来，像这种在一排排数字里面埋头计算的方式实在太没创意了。

尽管如此，本书还是得先从它开始。当然，这是有原因的。人们完全可以在计算的时候走一些捷径，而在这些捷径中你要做的仅仅是仔细观察那些数字。

在这里，我用“19×19”来举例说明。我不知道你在第一眼看到这道题时的反应是什么，但我会本能地去拿计算器。其实，有一个小技巧可以让这道烧脑的计算题变得简单许多，你知道后一定会大吃一惊的。计算时，我们先用第一个 19 加 1，和是 20；再用第二个 19 减 1，由此得到 18。之后，我们用 20 乘以 18——这个并不难——结果是 360。接下来，我们在这个结果后面加上“1×1”（其实就是 1），最终得出结果是 361。

下面我再用更一目了然的方式展示一遍：

$$
\begin{aligned}
19 \times 19 &= (19+1) \times (19-1) + 1 \times 1 \\
&= 20 \times 18 + 1 \\
&= 360 + 1 \\
&= 361
\end{aligned}
$$

这一技巧同样也适用于计算 22 的平方，例如：

$$
\begin{aligned}
22 \times 22 &= (22+2) \times (22-2) + 2 \times 2 \\
&= 24 \times 20 + 4 \\
&= 480 + 4 \\
&= 484
\end{aligned}
$$

也许你早就知道了这个小把戏。事实上，它与二项式公式有关，还涉及“寻找简单数字”这一原则——在下面的篇章中我会提到。接下来，你将会了解到更多这类技巧，同时明白它们的运算原理。

在写这一章的内容时，我在网上没能搜索到自己想要的资料，为此我不得不去图书馆。但是图书馆里关于计算技巧这一主题的书，除了两本新书以外，其他大多数是五六十年前出版的旧作。

不过，这也不奇怪。在没有计算器的年代，人们用心算或笔算十分常见，尤其是那些复杂的计算，它们对人们来说是个非常大的挑战——当然也很容易出错。因此，只要是可以简化计算过程的技巧，就必定大受欢迎。

至今，我仍惊讶于怎么会有这么多奇思妙想的算术技巧。这些技巧多到同一道题甚至有好几种方法，而且每种方法都能简单快速地解出答案。遗憾的是，这些技巧在学校里几乎不受关注。事实上，它们完全可以向孩子们展示数字并不是枯燥、烦琐的强制性任务，而是令人兴奋的冒险之旅。

凑十法

计算通常意味着一个接一个地进行几个独立的运算。计算时，先从哪一步开始或以哪一步结束，并没有什么区别。这就为我们将计算简化提供了可能性，比如凑十法。

我们看下面这个简单的加法：

7 + 2 + 5 + 13 + 8

你可以按照数字的前后顺序依次进行计算。不过，你也可以先仔细观察一下它们，很快你就会发现 2 和 8、7 和 13 简直是绝配，它们的和分别是 10 和 20。如果在这个基础上再加上 5，那么你就可以得到最终的结果 35。看，这样就搞定啦。只要其中没有太多相加数，这都算一种既巧妙又好用的方法。因为如果相加数太多的话，你可能无法从整体上把控：哪些数是加过了的，哪些数还没加。

与 10 相关的计算对我们来说比较容易。在乘法运算中，我们同样可以巧妙地将数字重新排序。如果把这道题“46 × 35”中的数字重新排列，我们就可以用心算很快地算出答案。35 的因数中有 5，46 的因数中有 2，因此可以用 5 乘以 2，结果等于 10，所以我们可以这么写：

$$46 \times 35 = 23 \times 2 \times 5 \times 7$$
$$= 23 \times 7 \times 10$$

“23×7”我们可以用心算得出结果，它是140+21=161。因此，这道题的答案是：

$$46 \times 35 = 1\,610$$

另外，人们也许能一下子写出：

$$46 \times 35 = 23 \times 70$$

在这里，顺便提一下，少年时代的卡尔·弗里德里希·高斯（Carl Friedrich Gauss，1777—1855年）也通过巧妙地重排数字引起了人们的注意。当时，他的老师出了一道题：从1加到100，最后的总和是多少？

$$1 + 2 + 3 + 4 + 5 + \cdots + 97 + 98 + 99 + 100$$

7岁的高斯将这些数分成了组，每组数相加的和均是101，即：

$$(1 + 100) + (2 + 99) + (3 + 98) + \cdots + (50 + 51)$$

他是用“凑 101 法”计算的。这位年轻的数学天才只需计算“50×101”即可，最终得到正确的答案 5 050。

与 5 相乘

现在我们来看日常生活中那些总与我们“狭路相逢”的简单乘法，比如“74×5= ？”，可能我算这道题的速度要比你用计算器快得多，答案是 370。

我在这里用了什么技巧呢？其实是数字 10。我们在计算乘以 5 的运算时，可以用被乘数的一半乘以 10。只要这个数是偶数，计算就不会遇到任何问题。我会直接将被乘数减半，然后在后面加一个零，例如：

34 × 5 = 17 × 10 = 170

46 × 5 = 23 × 10 = 230

同样，它也适用于钱数的计算上，例如：

€34.98 × 5 = €17.49 × 10 = €174.90

可是如果被乘数是奇数的话要怎么办呢？就像这道题“27×5= ？”，27 除以 2，商是 13.5。这样的话，我就会在 13 的后面加 5，不再是 0。在被乘数除以 2、商有余数的情况下，我总是这样做，比如下面的这些例子：

27 × 5 = 13 × 10 + 5 = 130 + 5 = 135

45 × 5 = 22 × 10 + 5 = 220 + 5 = 225

看见“数组”

如果被乘数是一个两位数或三位数，将其减半基本上没什么问题，但如果是比较大的数就会很困难，比如像34 588这样的五位数。这种情况下，将被乘数拆分成方便计算的数组是非常有必要的。我只需要在数字之间用竖线将它们隔开，然后将隔出来的每组数分别乘以5。也就是说，将每组数除以2，并在最后加一个0——如果最后一位数上的数是奇数，则加5。

于是，我们将原来的“34 588 × 5”变为：

34 | 58 | 8 × 5 = 17 | 29 | 40 = 172 940

此时，你或许已经明白我的话了：想要掌握巧妙的计算方法就必须先学会仔细观察。我们再来看第二个例子：

249 857 830 583 × 5 =

24 | 98 | 578 | 30 | 58 | 3 × 5 =

12 | 49 | 289 | 15 | 29 | 15 =

1 249 289 152 915

通过最后这道计算题，我们可以清楚地看到，计算时如果数字里包含多个偶数，这一技巧的效果最明显，因为这样就总能分隔出多个两位数的偶数小组来。

但是如果四个奇数相连，计算起来就相对麻烦一些，不过这一速算技巧仍适用。例如，249 857 330 583——与我们上面说的那个数不同，它的左起第七位数从 8 变成了 3——如此一来，原本的数字组 578 和 30 就变成了 57 和 330。数字组 57 的一半是 28 余 1，由此我需要把 5 移到它右边的小组里。右边的这个组里原本有个数 165（330 的一半），但是现在从它的左边小组移来了一个 5，因此我们需要将 5 和数字 165 里的“1”相加。最后，数组 165 就变成了 665，如下所示：

249 857 330 583 × 5 =

24 | 98 | 57 | 330 | 58 | 3 × 5 =

12 | 49 | 28 + 余数 1 | 165 | 29 | 15 =

12 | 49 | 28 |（5 + 1）65 | 29 | 15 =

1 249 286 652 915

顺便提一下，这种数字的分组技巧不单单适用于与 5 相乘的运算，只要乘数是个位数都可以，例如：

$523 \times 3 = 5 | 23 \times 3 = 15 | 69 = 1\ 569$

$816 \times 6 = 8 | 16 \times 6 = 48 | 96 = 4\ 896$

$911 \times 8 = 9 | 11 \times 8 = 72 | 88 = 7\ 288$

如果位于最右边的两位数数组在做完乘法运算后得出一个三位数，那么这个计算的难度就增加了，因为你需要记住一些数字。例如，23×8，在乘以 8 之后，两位数 23 就变成了三位数 184。184 中的“84”保留在计算结果的最右边，“1”则需要加到最左侧的数组里，例如：

$$
\begin{aligned}
523 \times 8 = 5 | 23 \times 8 &= 40 | 184 \\
&= 4（0+1）| 84 \\
&= 4\ 184
\end{aligned}
$$

与 9、18、27 相乘

当因数为 9 的时候，我们要做的就会很明确：将被乘数乘以 10，然后再减去结果的十分之一，例如：

$$
\begin{aligned}
53 \times 9 &= 530 - 53 \\
&= 477
\end{aligned}
$$

同理，如果你要计算一个数与 18 或 27 的乘积，则可以用这个数乘以 20 或 30，然后再减去结果的十分之一：20 的十分之一是 2，30 的十分之一是 3，如下所示：

$$53 \times 18 = 1\,060 - 106$$
$$= 954$$
$$53 \times 27 = 1\,590 - 159$$
$$= 1\,431$$

与 25 相乘

在乘以 5 的时候，我们将被乘数的一半乘以 10，但在乘以 25 的时候则需要将被乘数先乘以 $\frac{1}{4}$，然后再乘以 100，例如：

$$16 \times 25 = 16 \times \frac{1}{4} \times 100 = 400$$
$$84 \times 25 = 21 \times 100 = 2\,100$$

如果被乘数不能被 4 整除，我们则在计算的最后加上余数的 25 倍，例如：

$$17 \times 25 = (4 \text{ 余 } 1) \times 100 + 25 = 400 + 25 = 425$$
$$83 \times 25 = (20 \text{ 余 } 3) \times 100 + 75 = 2\,075$$

稍熟练些之后，我们还可以计算更大的数与 25 的乘积，例如：

$$327 \times 25 = (324 + 3) \times 25$$
$$= 81 \times 100 + 3 \times 25$$
$$= 8\,175$$
$$65281 \times 25 = (16\,000 + 320) \times (100 \times 1) + 25$$
$$= 1\,632\,025$$

如果遇到更复杂的情况，可以将被乘数乘以 2.5，你现在知道该怎么计算了吧：与因数是 25 的时候一样，先用被乘数除以 4，然后乘以 10——不再是与 25 相乘时的 100。

与 11 相乘

与 11 相乘的计算几乎是个经典案例，尤其是被乘数为两位数的时候，计算起来特别简单。比如 43×11，事实上，它的结果是个三位数：最左边的数是 4，最右边的数是 3，中间的数是 4 和 3 的和，也就是 7，例如：

$$43 \times 11 = 4\,(4 + 3)\,3 = 473$$

只要两位数的十位和个位数的相加和是一位数，这一计算方法就能快速地算出结果，例如：

$$54 \times 11 = 5\ (5 + 4)\ 4 = 594$$

$$81 \times 11 = 8\ (8 + 1)\ 1 = 891$$

如果它们的相加和是两位数，情况也没那么糟：我们只需记住这个相加和的左边那个数，当然它只能是 1，然后将这个 1 与最左边的数相加，例如：

$$68 \times 11 = 6\ (6 + 8)\ 8 = 6\ (14)\ 8$$

$$= (6 + 1)\ 48 = 748$$

但是，我们计算的乘以 11 的被乘数并不总是两位数。别担心，就算是三位数或比它更大的数也不会给我们造成多大的困难。在用经典笔算法计算乘法运算时，我们需要先将这两个数以纵向的形式写下来，然后再将它们对应加在一起，例如：

$$\begin{array}{r} \underline{368345 \times 11} \\ 368345 \\ \underline{+368345} \\ \underline{\underline{=4051795}} \end{array}$$

我们现在只需一步就可以解出这道题的答案。这不仅比笔算更快，而且通过一些练习，我们甚至可以比计算器算得更快。

计算方法如下：我们在被乘数最左边的数前面加一个 0，然后自右向左在它的每位数下面写下这个数和它右边数的总和。由于最右边 5 的右边没有数字，所以第一个和是 5，就在下面写上 5，例如：

0368345×11

5

由于 4+5=9，所以我们在 4 的下面写 9，如下所示：

0368345×11

95

依此类推，由于 3+4=7，所以 3 的下面写 7，如下：

0368345×11

795

接下来是 8+3=11，我们把十位数的 1 标记下来，并标注在旁边数字 1 的左上角，如下：

0368345 × 11

$^{1}1795$

之后是 6+8+1（刚刚标记的）=15，因此得到 5 和标记 1。同理，接下来是 3+6+1（上一个加法运算中标记的）=10，那么 3 的下面对应的就是 0，并在它的旁边标记 1。最后是 0+3+1=4，那么这道题的最终结果就是：

0368345 × 11

4051795

与 12 相乘

对因数为 11 的乘法运算适用的技巧，只要改变一下形式同样适用于因数为 12 的乘法运算。在这里，我不再采用上面的方法——某位数加上它旁边的数，而是用该数乘以 2 之后，再加上它旁边的数。我们还用上面的例子 368 345，从最右边的数字 5 开始，这里则变成 5 × 2=10，由于 5 的右边没有数字，所以 5 的下面还是 0，并在旁边标记 1。例如：

0368345 × 12

$^{1}0$

接下来是4：4×2+1(刚刚标记的)+5=14，得到4，标记1。

0368345 × 12

$^{1}40$

继续，3×2+1+4=11，得到1，标记1。

0368345 × 12

$^{1}140$

到8了：8×2+1+3=20，得到0，标记2。

0368345 × 12

$^{2}0140$

之后是数字6：6×2+2+8=22，所以我们在6的下面写2，并在旁边标记2。

0368345 × 12

$^{2}20140$

然后是数字3：3×2+2+6=14，在3的下面写4，旁边标记1。

0368345 × 12

[1]420140

最后是最前面的数字 0：0×2+1+3=4，所以 0 的下面写 4。如此一来，我们就完成了与 12 相乘的乘法运算。

0368345 × 12

4420140

如果你对这种乘以 11 或 12 的计算方法感兴趣，可以关注一下第 6 章中的内容。在第 6 章中，我将会介绍特拉亨伯格速算法，你可以用这一方法以类似的方式计算乘以 8 或 7 的乘法运算。

与 15 相乘

乍一看，因数是 15 的话似乎很麻烦，但如果我们将它分解成 10 和 5，计算就会变得简单很多。乘以 5 的运算大家都知道了，即被乘数的一半乘以 10，而与 15 相乘则是被乘数与其一半的和，再乘以 10。例如：

34 × 15 =（34 + 17）× 10 = 51 × 10 = 510

436 × 15 =（436 + 218）× 10 = 654 × 10 = 6 540

但如果被乘数不是偶数，我们就需要用被乘数加上它除以2之后的商的整数部分，然后再乘以10，并在最后的结果后面加5，不再是0。例如：

$$437 \times 15 = (437 + 218) \times 10 + 5 = 655 \times 10 + 5$$

因此，最终结果是6 555。

在有些情况下，乘以15的运算还有更简单的方法。如果被乘数可被2整除，将其减半，然后乘以30。例如：

$$16 \times 15 = 8 \times 30 = 240$$

如果被乘数是奇数，将其除以2之后的商的整数部分乘以30，并在后面加15。例如：

$$19 \times 15 = 9 \times 30 + 15 = 285$$

当然，这道题也可以这样解答：先用20乘以15，再减去15，即：

$$19 \times 15 = 20 \times 15 - 15 = 300 - 15 = 285$$

如你所见，通常会有好几种方法可以减少计算的过程。但具体选择哪一种，就是个人的喜好问题了。不过，这样的技巧你知道得越多，计算的时候也就越有创造力。

平方数和立方数

下一个技巧是关于求平方的。你一定还记得本章开篇的那个例子：

$$
\begin{aligned}
19 \times 19 &= (19+1)\times(19-1)+1\times 1 \\
&= 20 \times 18 + 1 \\
&= 361
\end{aligned}
$$

你可以用这个方法轻松地计算出任何两位数的平方，比如 85×85 或 27×27：

$$
\begin{aligned}
85 \times 85 &= (85+5)\times(85-5)+5\times 5 \\
&= 90 \times 80 + 25 \\
&= 7\,225
\end{aligned}
$$

$$
\begin{aligned}
27 \times 27 &= (27+3)\times(27-3)+3\times 3 \\
&= 30 \times 24 + 9 \\
&= 729
\end{aligned}
$$

当然，你也可以在计算器上快速地输入 85×85，但用一点小技巧会让算术变得更有趣——如果你的同事或同学了解到你脑子里正在进行的计算过程，他们一定会大开眼界的。

如前所述，该方法基于二项式：

$$a^2 - b^2 = (a + b) \times (a - b)$$

如果我们将 b^2 放到方程式的另一侧，则可以推导出上面所用的计算公式，如下所示：

$$a^2 = (a + b) \times (a - b) + b^2$$

该方法的原理是通过将 a 加上或减去 b，从而得到一个可以被 10 整除的数，如此一来，我们的计算就变得简单多了。

原则上，该公式也适用于三位数或四位数。不过这个数与最接近的那个 10 的倍数之间的距离不能太大，即 b 不能太大，这样的话，计算起来就不会太复杂。毕竟，最后你还是要计算 b^2。例如，下面这道题对我们来说就不算太难：

$$\begin{aligned} 391 \times 391 &= 400 \times 382 + 9 \times 9 \\ &= 160\,000 - 8\,000 + 800 + 81 \\ &= 152\,881 \end{aligned}$$

但如果是凑成 10 的倍数后依然不便于计算的数，例如，$667 \times 667=700 \times 634+33 \times 33$，我则更愿意去使用计算器。

求平方数的这一技巧，同样也可以用在立方运算上，它的技巧基于下面这个公式：

$$a^3 = (a - b) \times a \times (a + b) + a \times b^2$$

不过，这一计算过程并不像求平方时那么简单，因为我们现在需要处理的因数不再是两个，而是变成了三个。在这里，我们同样是通过巧妙的加法或减法得到一个可以被 10 整除的数。例如：

$$\begin{aligned} 13^3 &= (13 - 3) \times 13 \times (13 + 3) + 13 \times 3^2 \\ &= 10 \times 13 \times 16 + 9 \times 13 \\ &= 10 \times (160 + 48) + 117 \\ &= 2\,080 + 117 \\ &= 2\,197 \end{aligned}$$

个位是 5 的数

到目前为止，上面介绍的这些计算技巧基本上都是通用的。这里的通用指的是，它们适用于你所乘的所有数，比如与 11、12 或 15 相乘。不过，不同数字之间大不相同，有些算起来很复杂，有些则相对容易一些。如果你已经知道了这一点，接下来就可以熟练地使用它了。

不过，我现在想介绍给你的小技巧仅适用于非常特殊的运算和数字。它们真的非常经典实用，正因如此，我才把它们放在了本书的第一章。

你已经知道如何用二项式公式求平方了，但如果数字是以 5 结尾的，你或许就不需要这个公式了。如果你想计算 35 的平方，那么只需从 35 中取出 3，并将它乘以 4（=3+1）。接下来，在结果 12（=3×4）的后面写上 25（=5×5），这样这道题就完成了，如下所示：

$$
\begin{aligned}
35 \times 35 &= (3 \times 4)25 \\
&= 1\,225
\end{aligned}
$$

该方法也适用于三位数，例如：

$$
\begin{aligned}
115 \times 115 &= (11 \times 12)25 \\
&= 13\,225
\end{aligned}
$$

为什么它们都能成立呢？你注意观察，如果我们把个位是 5 的数 d 写成“$10a+5$”的形式，那么它的平方就是：

$$
\begin{aligned}
(10a+5)^2 &= 100a^2 + 2 \times 10a \times 5 + 25 \\
&= 100a^2 + 100a + 25
\end{aligned}
$$

$$= 100a \times (a + 1) + 25$$

由此可见，最后一个表达式与我们的速算技巧完全一致：先将 a 乘以 $a+1$，再在后面添加 25。

十位数或个位数相同

另一种特殊的情况我也觉得很经典，即两个两位数的乘法运算，它们的十位数相同且个位数加起来的和为 10，比如 32 乘以 38。它的计算方法基本上与以 5 结尾的数的平方相同。第一步，将 3 乘以 4（=3+1），得到 12。第二步，在这个结果的末尾添加数字 16（=2×8），如下所示：

$$32 \times 38 = (3 \times 4)(2 \times 8)$$
$$= 1\,216$$

下面我们看第二个例子：

$$61 \times 69 = (6 \times 7)(1 \times 9)$$
$$= 4\,209$$

重要的一点是，这两个数的个位数的乘积必须是两位数。事实上，这里的乘积 9 是一位数，所以我们需要在 9 的前面写一个 0，这样才能得到正确的结果。此外，三位数的乘法运算也可以用这个方法，例如：

$$
\begin{aligned}
123 \times 127 &= (12 \times 13)(3 \times 7) \\
&= 15\,621
\end{aligned}
$$

这个计算法则的前提是，两个因数的个位数互为补数且相加等于 10，而且它们自右向左从十位开始数字完全相同。诚然，我们说这是一个特例，但如果你恰巧也遇到了这种情况，那现在就知道该如何解决它了。

但也有相反的情况：两个因数的个位数相同且十位数相加等于 10。在这里，我用 33 乘以 73 来举例说明。计算过程如下：将这两个因数的十位数相乘，也就是 3 乘以 7，得到 21，然后加上个位数 3。在上一步的计算结果 24（$=3\times7+3$）后面，我们再添加一个两位数的平方。例如：

$$
\begin{aligned}
33 \times 73 &= (3 \times 7 + 3)(3 \times 3) \\
&= 2\,409
\end{aligned}
$$

我们再来看另一个例子：

$$
\begin{aligned}
44 \times 64 &= (24 + 4)(16) \\
&= 2\,816
\end{aligned}
$$

为什么两个因数的个位或十位数相同的时候可以用这样的方法计算呢？你自己可以试着找出答案。其实，这个问题就是本章后面的习题 3 和习题 4（答案在附录里）。

当因数接近 100

对于“102 × 107”这类的计算题，有一种特别高效的方法，你掌握之后几乎完全不用计算。但前提条件是，两个因数都必须比 100 大一点点，这样的话，我们才可以像下面这样写出它的结果：首先，将其中一个因数超过 100 的部分加到另一个因数上，即 102+7=109。然后在这个结果后面添加这两个因数个位数的乘积，即 2 × 7=14。看，这道题就这样完成了。例如：

102 × 107 =（102 + 7）（2 × 7）

= 10 914

108 × 109 =（108 + 9）（8 × 9）

= 11 772

如果两个因数都只比 100 小一点，我也会用类似的方法来计算。

在这里，我以 98 × 96 为例。首先，我会用第一个因数 98 减去 100 和第二个因数 96 的差 4（100-96），即 98-4=94。然后，在后面添加（100-98）×（100-96）的乘积——两个因数各自与 100 的补数的乘积——在这道题中，乘积是 $2\times4=8$，如下所示：

$$
\begin{aligned}
98 \times 96 &= (98 - 4)(2 \times 4) \\
&= 9\,408 \\
91 \times 97 &= (91 - 3)(9 \times 3) \\
&= 8\,827
\end{aligned}
$$

纯位数与 9 相乘

在本章的最后，我还想介绍一个关于纯位数计算的简单技巧，比如 33 或 222 这类数。掌握了这个技巧，再去计算纯位数与 9 的乘积简直轻而易举。

例如，$8\,888\times9$。我用最右边的 8 乘以 9，结果是 72。在 7 和 2 之间，我们放入和等式左边剩余 8 的数量一样多的三个 9。到这里，我们就完成了这道题，如下所示：

$$
\begin{aligned}
8\,888 \times 9 &= 7 \mid 999 \mid 2 \\
&= 79\,992 \\
666\,666\,666 \times 9 &= 5 \mid \text{八个}\,9 \mid 4 \\
&= 5 \mid 99\,999\,999 \mid 4 \\
&= 5\,999\,999\,994
\end{aligned}
$$

这个方法为什么行得通就要由你自己去探索了，可以对应思考本章的习题 5！

哇，现在有好多数字呀！不过，我希望你的感受和我是一样的——一次次地惊讶于人们可以把计算简化到如此疯狂的地步。在开始计算之前，请务必仔细观察数字，即先思考，再计算，这一点非常重要。

如果你想了解更多数字方面的技巧，我建议你看第 6 章的内容，其中包括十字相乘法和特拉亨伯格速算法。

为了不让你的脑细胞觉得过于单调，下一章我们将会进入迷人的几何世界。

习题

习题 1*

4 个自然数的和是一个奇数，请你证明这 4 个数的乘积是偶数。

习题 2**

卡琳有 7 块巧克力：4 块牛奶巧克力、2 块黑巧克力和 1 块坚果巧克力。她想送给她男朋友 3 块，自己留 4 块。有多少种搭配的可能性？

习题 3***

请证明下面两个两位数相乘的计算方法成立：它们的十位数相同且个位数的和等于 10，最终的计算结果是十位数 ×（十位数 + 1），后面附加两个因数个位数的乘积。

习题 4***

两个两位数的十位数的和为 10，个位数相同。为什么下面这个技巧可以用来计算两个数的乘积？将它们的十位数相乘，乘积加上它们共同的个位数。在上一步的结果后面附加两个因数个位数的平方。

习题 5****

请证明下面的技巧适用于计算一个纯位数与 9 的乘积：

$$
\begin{aligned}
8\,888 \times 9 &= 7 \mid 999 \mid 2 \\
&= 79\,992
\end{aligned}
$$

二、几何：完美的形与平均分

我要怎样做才能画出一颗鸡蛋或一个正五边形呢？真的能公平地把比萨平分成三块吗？几何学是数学中最美丽的分支之一，如果有人能掌握它，那他就再也不用害怕给孩子们过生日了。

在复活节之前，一个数学博客中出现了一个我以前从未接触过的令人兴奋的话题：如何画鸡蛋？用一支圆规就足够了吗？还是说我可能要像画椭圆那样，会用到一根绳子呢？鸡蛋有什么特征呢？

鸡蛋：球体和椭圆体的混合体？

如果我们仔细观察鸡蛋，很快就会发现每颗鸡蛋都不一样。有些两头尖一些，像子弹头一样；有些则比较圆，像个球体（参见上图）。不过，所有鸡蛋的外形至少都有一个共同点，即纵向只有一条对称轴，这一点将鸡蛋与椭圆区分开来。椭圆可以被看作是压扁了的圆，因为它有两条对称轴。

鸡蛋底部较宽的那部分几乎是个半圆，而相对尖一点的上半部分可能更像椭圆，这一描述为我们画鸡蛋提供了第一种可能性：先用铅笔画一个椭圆，然后擦掉一半，之后在擦掉的位置画一个半圆（参见下图）。

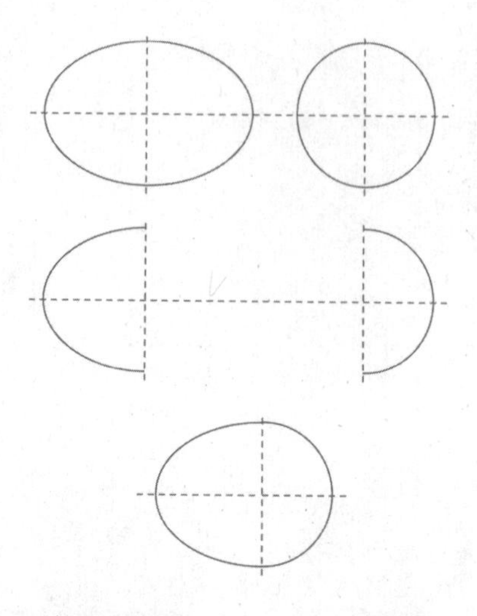

从椭圆和圆中“产出”一颗鸡蛋

画椭圆

你肯定知道怎么画椭圆。将两个图钉并排钉在纸上（最好在下面放两块纸板，这样桌面就不会被划坏了），然后取一根线并将它的两端系在一起。当你将线缠绕在两颗图钉上时，图钉之间的线圈不要留太多富余空间，否则你画出来的椭圆会像圆。

然后，用笔将图钉周围宽松的线圈向上推，直到这个线圈形成一个三角形。现在你只需要小心地将笔摁住，然后在两颗图钉周围移动画圈。需要注意的是，画的时候线圈始终处于紧绷状态。当你画完一圈之后，椭圆就完成了。顺便说一下，这一方法也被称为“园丁作图法”（参见下图），因为文艺复兴时期的园丁就是用这种方法来建造椭圆形的花床的。

椭圆的特征在于它适用于椭圆上的每个点：椭圆上任意两个点——纸上两颗图钉的位置——的距离之和是恒定的。要证明这一点并不难——从我们的作图方法就可以得到这个结论，因为线的长度没有发生变化。

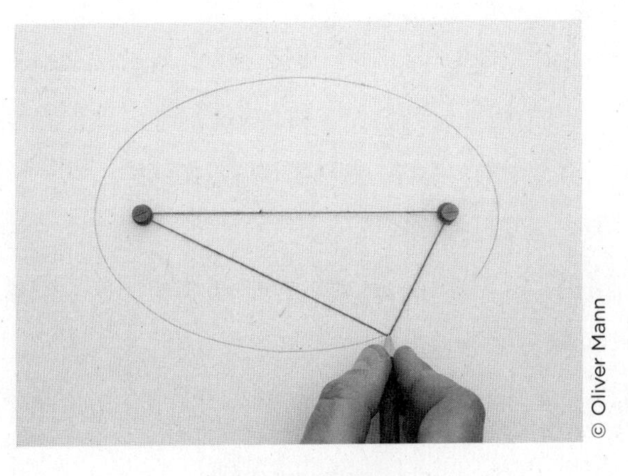

椭圆的园丁作图法

但是，我觉得由半个椭圆和半圆组成的鸡蛋并不好看，用其他方法可以得到一个外形更漂亮的鸡蛋。其中一个方法和画椭圆的方法很像，同样需要封闭的线圈、笔和图钉，不过图钉的数量由两个变成了三个。

如果你感兴趣的话，可以试一试。如果这三颗图钉分别构成等边三角形的三个顶点，可以画出什么形状呢？试试看吧！

如果图钉构成一个比较尖的等腰三角形，并且绕在它们上面的线圈的富余空间较短，则会画出一个典型的鸡蛋的形状。在这个三角形的顶部会形成一条半径较小的曲线，即鸡蛋尖的那一端，而另一端的曲线的半径要大得多。看，鸡蛋画好了！你现在知道该如何制作复活节贺卡了吧。

n 个角在一起

现在让我们来看一些带角的形状。你有没有尝试过画正五角形（也叫作正五边形）。如果不用量角器或三角板的话，画起来会有点困难。不过，这件事是可以做到的，接下来我就向你说明它是怎么画出来的。

首先，我想从简单一点的作图法开始讲起：将一条线段平分，找角平分线，绘制正六边形和正八边形。要绘制一个直角，你只需要用到笔、直尺和圆规，下面我将为你展示最快的作图方法。

画一条直线，在上面随意标出两个点，然后将圆规的两条腿拉开到距离与刚刚标记的两个点之间的线段一样长。接下来，将圆规尖固定在截取的线段的起点，然后在直线的上方和下方各绘制一小段圆弧。同样，在线段的终点处重复上述操作，记住不要改变圆规两支腿之间的距离。由此绘出的圆弧在线段的上方和下方分别相交，产生两个交叉点。用直尺将这两个交叉点连接成一条直线，会发现它们的连接线恰好平分最初截取的那条线段（参见下图）。

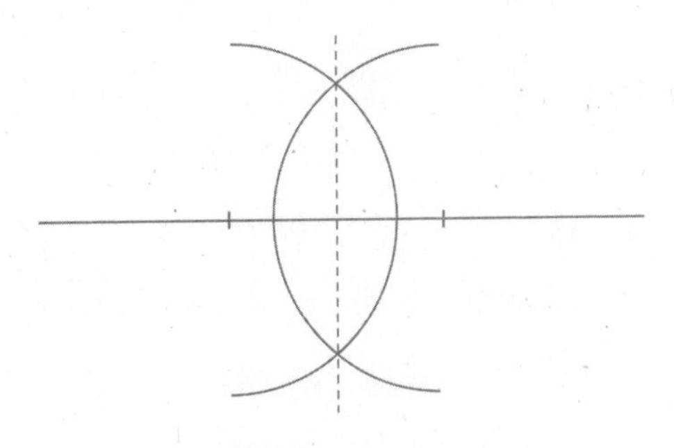

用圆规和直尺平分一条线段

平分角的方法也与之相似。你同样需要一支圆规，在该角顶点的两条射线上分别标记两个点，并截取等长的线段。然后，将圆规的两条腿拉开到距离与刚刚截取的线段一样长，之后以那两个标记点为圆心绘制圆弧。最后，将顶点与两个圆弧的交叉点连接，会发现连接线从中间精准地平分了该角（参见下图）。

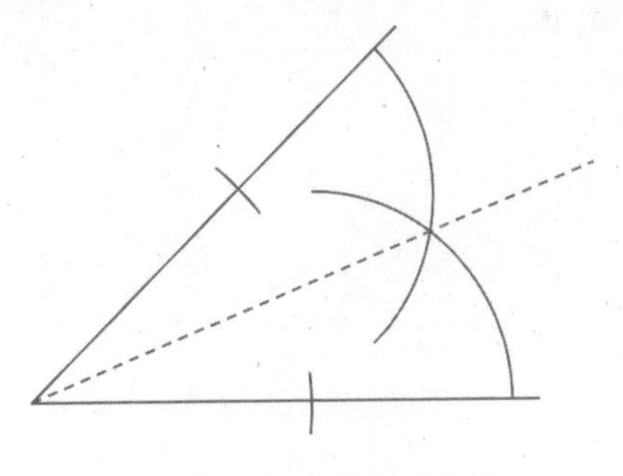

用圆规和直尺做角平分线

如果你已经知道了如何平分角，那么就可以用圆规和直尺轻松地画出正八角形、正十六角形或正三十二角形了。如果你想在孩子们的生日派对上切生日蛋糕或比萨，那么这一技巧就会非常有用。对 5 岁的孩子来说，360° 除以 16 的确是个非常难的问题，但如果要问他哪块蛋糕大一些，他一眼就能看出来。

当然，用圆规和直尺处理生日蛋糕不是一个好主意。因此，我建议你用一张纸来辅助。你可以先在纸上画一个模板，然后剪下来，之后在它的辅助下你就能把比萨或蛋糕切出一样大小了。虽然整个过程看起来有些麻烦，但你要想，当你制作模板的时候，孩子们一定都会睁大双眼盯着你的！

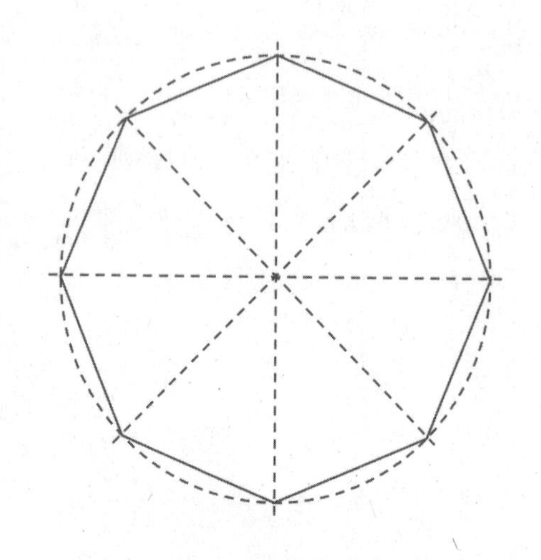

从圆规到正八边形

不过，我们如何把一个圆平分成八份呢？请先画出两条穿过圆心且互相垂直的直线。如此一来，这两条直线就构成了四个直角，同时还有两条与直径等长的线段。接下来，请你用上述方法将这四个直角平分，从而得到八个45°的等角。在这里，这些角的边与圆相交的点就是正八边形的八个顶点，也就是平分圆的八个点（参见上页图）。

六等分一张比萨

如果继续将角平分一次，就会得到一个正十六边形，继续再平分的话，则会得到一个正三十二边形，依此类推。到目前为止，我们还没遇到什么困难，不过你知道如何将一个圆形比萨六等分吗？

这时候，你需要一个正六边形。不过我们刚刚用的那个作图法现在不适用了，因为我们需要把角平分成三份。但遗憾的是，就算用圆规和直尺也不可能完成这个任务——数学家们已经证明过了。

不过，如果我们充分利用它的一些特殊属性，还是可以得到一个正六边形的，因为正六边形是由六个等边三角形组成的。

仔细观察下页图中正六边形的外接圆：它的半径 r 恰好是等边三角形的边。因此，每两个相邻顶点之间的距离都与半径 r 的长度相同。

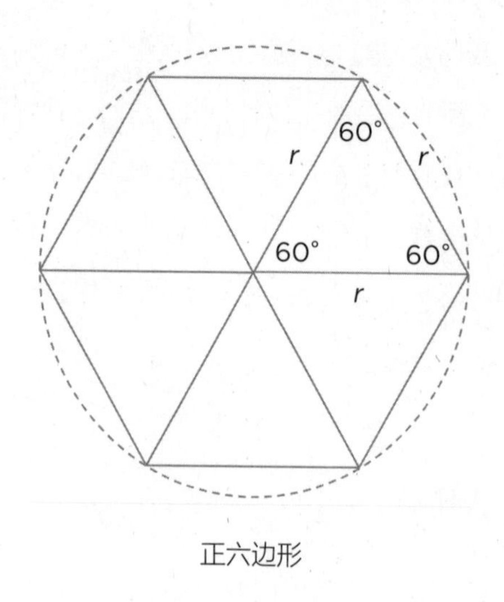

正六边形

要想画正六边形，我们首先要绘一个圆并将它的半径固定在圆规上。这意味着我们画好圆后不能调节圆规，而圆规两只脚之间的距离要始终保持为半径 r。之后，我们在圆上任意确定一点为六边形的顶点，然后将圆规尖固定在这个点上，同时用圆规在点的两侧画圆弧，由此圆弧和外接圆就产生了两个交叉点。最后，我们把圆规尖先后固定在这两个交叉点上，就像上面那样绘制圆弧，依此类推，直到得到六边形的所有顶点为止。

只要你学会了如何六等分比萨，那么你就可以把它十二等分或二十四等分。你只需将六等分后的比萨平分或四等分就可以了，而平分一个角就相对容易多了。

仅凭正六边形和正八边形的知识，还不能保证孩子们生日聚会的成功，因为有可能生日会只有五个、七个或九个孩子。这样一来，切比萨就成了一项几何挑战。

五边形

事实上，数学家们一直在研究仅用圆规和直尺可以绘出哪些正多边形。卡尔·弗里德里希·高斯（Carl Friedrich Gauss）早在18世纪末就证明了这一点，尺规作图成功绘出了正十七边形。但也有一些不能用尺规作图绘制的正多边形，比如七边形、九边形和十一边形。这时候，你就只能用量角器了：用360°除以正多边形的内角数量，从而得出每个内角的大小，然后以圆心为顶点分别画出这些角。

不过，对于正五边形来说，用圆规和直尺就足够了，绘出它并不困难。只不过我们需要进一步证明的是，用这种方式的确可以绘出正五边形。

让我们从作图开始吧。先从一个圆开始，和上面一样，我们在圆中画出两条相互垂直的直径。然后将水平方向直径 AC 的左侧半径——线段 AM——平分，得到中间点 D。现在我们将圆规尖固定在 D 点，以线段 DB 为半径画圆弧（参见下页图）。

这一方式绘出的圆弧与水平直径 AC 相交于 E，而线段 BE 正好对应于给定圆的正五边形的边长。如果我们用圆规以 B 为圆心，线段 BE 为半径画一个圆，则会在给定圆上得到点 F。

线段 BF 正是我们要求的正五边形的其中一条边。接下来，你只要用圆规分别以点 B 和点 F 为圆心，线段 BF 为半径画弧线，就可以很容易地找出剩余的三个顶点。

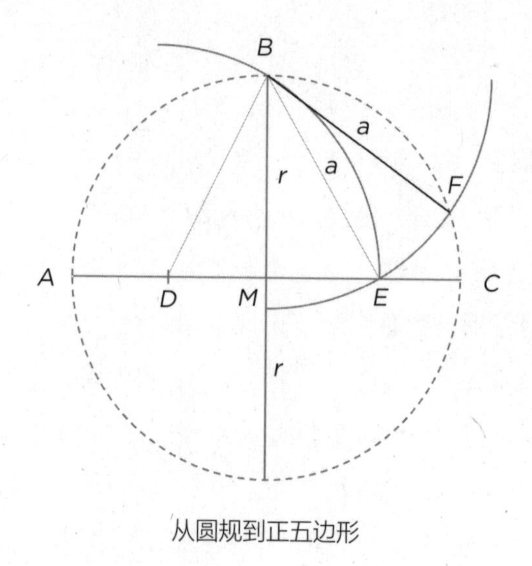

从圆规到正五边形

在此我想说的是，通过该作图法的确可以绘制出一个正五边形。由于证明的过程比较长，所以我在这里仅证明了第一部分，第二部分的证明过程你可以在本书的附录中找到。但如果你不太想深入研究这个主题，可以略过下面几段的内容。

首先，我需要计算出五边形的边 BF 相对于给定圆的半径的长度。我们用 r 表示半径（对应于线段 AM），用 a 表示边长 BF。

根据毕达哥拉斯定理（勾股定理），我们可以先计算出所绘制的圆弧的半径，也就是线段 DB 和 DE 的长度。计算如下：

$$DE^2 = DB^2 = MD^2 + MB^2 = \left(\frac{1}{2}r\right)^2 + r^2$$

$$= \frac{5}{4} \times r^2$$

$$DE = \frac{\sqrt{5}}{2} r$$

现在，我们继续用毕达哥拉斯定理计算三角形 *BME*。线段 *BE* 对应于五边形的边长 *a*，*BM* 对应半径 *r*，*ME* 是 *DE* 和 *DM*（半径 *r* 的二分之一）的差。计算如下：

$$a^2 = BE^2 = MB^2 + ME^2$$

$$= r^2 + \left(\frac{\sqrt{5}}{2} r - \frac{r}{2}\right)^2$$

$$= r^2\left(1 + \frac{5 - 2\sqrt{5} + 1}{4}\right)$$

$$= r^2\left(\frac{4 + 6 - 2\sqrt{5}}{4}\right)$$

$$= r^2\left(\frac{5 - \sqrt{5}}{2}\right)$$

下一步，我们需要证明上述半径和边长之间的这种关系适用于常规的五边形，关于这一部分的证明你可以在本书的附录（参见第 245 页）中找到。

正五边形的证明是一个相当复杂的计算，甚至连我都不喜欢它。在计算中，你写错一个符号或算错一个表达式的平方的可能性很大，然后整个计算就全错了。但是，如果我们想证明正五边形实际上可以只用直尺和圆规就可以绘出，那一点计算也没有是办不到的。

折而不画：折纸几何学

你肯定知道日本的折纸艺术，星星、纸鹤、天鹅这些通常像变戏法一样从正方形的纸中折出。即使是数学家也对这种高超的折纸技术感兴趣，因为它可以实现仅靠圆规和直尺无法实现的几何特技。人们给灵感源于数学的折纸创造了一个词——折纸几何学（Origamics）。它是日语的折纸（Origami）和英语的数学（Mathematics）的混合体。

我会在本章最后向你介绍一些这样的几何折叠技巧。现在让我们从正五边形开始，它也可以被折出来，而我们需要的仅是一张狭长的纸条。例如，你可以从 A4 纸的长边剪下 3~4 厘米宽的一个纸条，但一定要确保它的宽度上下一致。

请你拿起纸条，将它的一端打个环，然后将另一端穿过这个环，也就是你用纸条打了一个简单的结。现在，到考验你的时候了：一点一点地把纸结拉紧。在这个过程中，纸条绝对不能折叠，也不能有压痕。只要你稍微注意，最后就会出现一个 108° 的角，即正五边形的一个内角的大小。

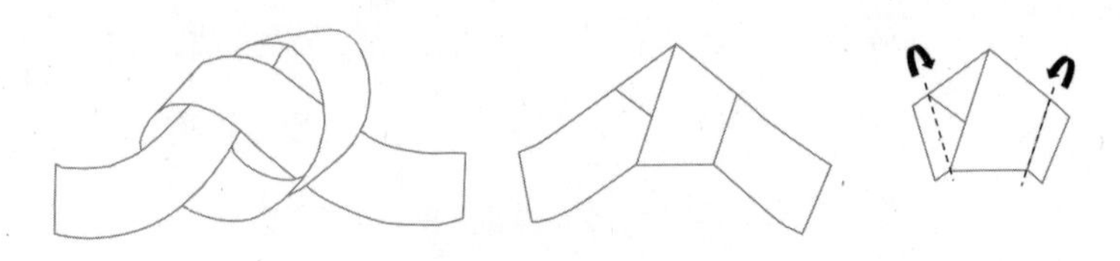

从纸结到正五边形

此时五边形的三条边已经清晰可见。现在你只需要用剪刀把纸条两端多余的部分剪掉，然后将剩余的部分整齐地折起来，这样正五边形就做好了！

作为一个数学爱好者，这时你可能会问："它是正五边形吗？它的所有内角和所有边长都一样吗？"如果你愿意，可以试着自己证明一下。

或者我也可以给你解释。不过，要证明上面的问题并不容易。下图展示了一个纸结——与上图（参见第 44 页）不同的是它旋转了 180°。五边形的五个角分别标记为 A、B、C、D 和 E，不过现在我们还不知道它是不是正五边形。

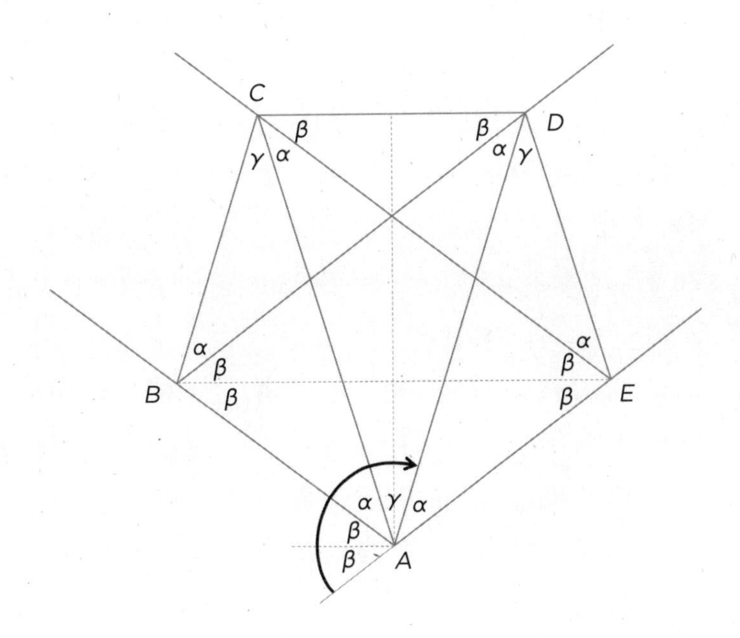

在上页图的五边形中有几条线段相互平行，比如 *DE* 和 *AC*。我们之所以说它们是平行的，是因为它们是由打结纸带的边缘构成的。除此之外，我们还可以确定的是纸结一定是对称的。如果我们互换它的正反面，也就是把纸结翻到另一面，纸结本身不会发生任何变化。因此，我们可以画一条对称轴，即上页图中那条垂直的虚线。由于它的对称性，所以我们可以确定的是对角线 *BE* 一定平行于线段 *CD*。

现在我们标记出五边形中的众多角，在其中我们会充分利用当一条直线与其他两条平行直线相交时，同位角相等的规律。例如，角 *ACE* 和角 *BAC* 相等，我们用 α 表示两个角。出于对称性的原因，内角 *C*、*D*、*B* 和 *E* 的各自的三个小内角分别与它们相对的角相等。因此，我们用三个不同的角 α 、β 、γ 标记所有内角——一共 15 个。例如，角 *ECD*（等于 β ）和角 *BEC* 是相等的，因为线段 *CE* 与两条平行线段 *CD* 和 BE 相交，所以角 *BEC* 等于 β 。如此一来，我们便可以推导出剩余的内角。但现在我们需要证明的是，这些角都相等（ $\alpha=\beta=\gamma$ ），且五边形的所有边长相等。

首先，我们看一下角 *A* 的外角，它的大小为 2β ，它与角 *DBA* 互为平行线 *BD* 和 *AE* 的内错角。右上方的纸带在这里被折叠，线段 *AB* 就是折叠的位置。折后的纸带一直延伸至线段 *CD* 的边缘并在这里再次折叠，随后向右折到边缘 *AE*，紧接着从那里转向左上角。

折叠边缘的作用就像镜子一样：入射角等于反射角，所以

$\alpha+\gamma$ 一定等于角 A 的外角。这样我们就知道了外角的大小：由于线段 AB 与 CE 平行，所以外角为 $\beta+\beta$。由此，我们又可以推导出 $\alpha+\gamma=\beta+\beta$。反过来，这意味着三角形 ACE 和 ABD 是等腰三角形。由于 ACD 也是等腰三角形，所以四条对角线 AC、AD、BD 和 CE 的长度相等。

我们现在来看对角线 AC。从左上方延伸出的纸带的宽度为 $\sin(\alpha)\times AC$。折叠后，纸带朝线段 CD 的方向延伸，其宽度可以用 $\sin(\gamma)\times AC$ 来计算。由于纸带的宽度不变，所以角 α 和角 γ 的大小一定是相同的。于是，我们便可以得出：$\alpha=\beta=\gamma$。

同理，我们还可以推导出对角线 BE 与其余四条对角线的长度相等。因此，最终得出结论：在上图（参见第 45 页）的五边形中，所有的内角和边长都相等。由此可见，它确实是一个正五边形，这样我们就完成了这个不那么简单的证明。

角的三等分

这简直是“化圆为方”（德语中引申为“不可能办到的事”）！你可能听过这句话，而且还可能知道它的出处。那可以追溯至古希腊时代，当时古希腊人尝试将一个圆转化成一个面积相等的正方形，但没有成功。直到 19 世纪，德国数学家费迪南德 · 冯 · 林德曼证明了“化圆为方”的这一做法是不可能实现的。在这里，提示一下，这一做法无法实现的主要原因是圆周率（Pi）。

将一个角三等分的问题不像“化圆为方”那样为大众所熟知。用圆规和直尺将一条线段三等分几乎没什么困难，但要把一个角三等分，该怎么做呢？

古希腊人也尝试了将角三等分，但也没有成功。大约两千年之后，才有一个数学家公布了他的证明，即皮埃尔·劳伦特·万策尔（Pierre Laurent Wantzel，1814—1884 年）指出用尺规作图法无法实现把一个角三等分。

因此，如果你想将一块比萨公平地切成三份，除了用量角器量出角的大小并除以三，然后标出切割线之外，别无他法。

但是，有一个简单的技巧可以将不可能的事（一个角的三等分）成功地实现，你只需在纸上画出那个要平分的角，然后把它巧妙地折叠起来。

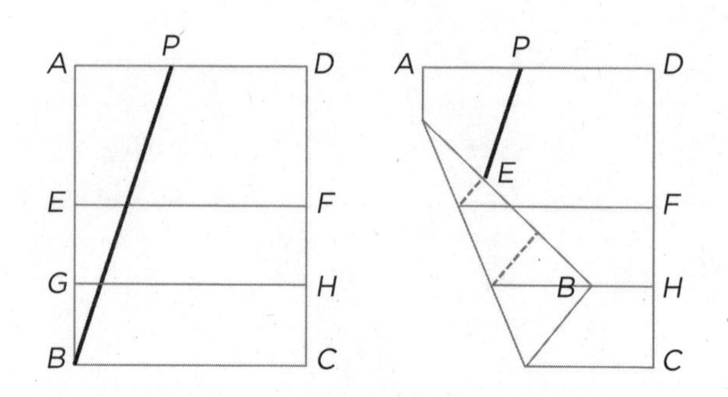

在上图中我们可以看到角 *PBC*，它的边由线段 *PB* 和 *BC* 构成，*B* 是我们要三等分的角的顶点。

点 *A*、*B*、*C*、*D* 分别标记了这张纸的四个顶点。我们首先在纸的中间位置画一条水平线 *EF*。然后，在线段 *EF* 和 *BC* 的正中间——纸的下边缘位置——画第二条线段 *GH*，该直线要与纸张的边缘线平行。

现在我们准备折纸：折起纸上的 *B* 角，将其在线段 *GH* 上来回移动，直到点 *E* 落在线段 *BP* 上，*BP* 即是我们要三等分角的上边。当点 *B* 和 *E* 落在指定的线段上时，我们将卷起的角折叠压紧，如下图所示。接下来，我们标出点 *B* 与线段 *GH* 接触的位置，并将此点命名为 *B′*，然后用同样的方法标出 *E′*。

纸的折叠线与线段 *GH* 相交于点 *I*。如此一来，我们的任务就完成了：线段 *BB′* 和 *BI* 即是角 *PBC* 的三等分线（参见下图）。

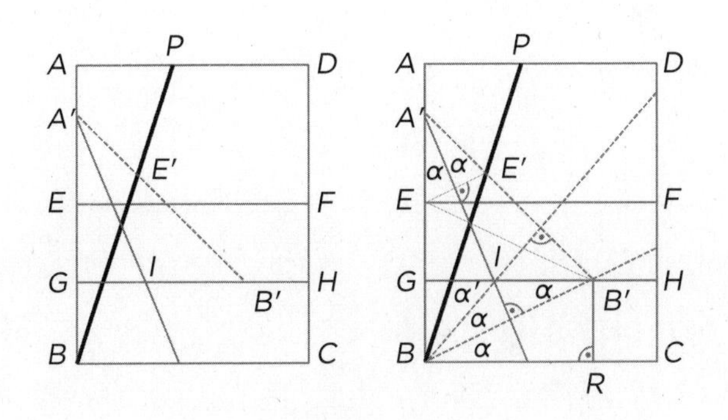

精确地三等分

人们大概很难相信用如此简单的一个折叠技巧，竟然可以解决数学家用圆规和直尺无法解决的问题。

但是我们真的精确三等分这个角了吗？这并不难证明。由

于我们是沿着 $A'I$ 折叠的，所以出现了许多直角。线段 EE' 和 BB' 垂直于折叠边缘。折边的起点在点 A'、点 B 和点 B' 之间构成了一个等腰三角形。折痕平分了这个等腰三角形的顶角，从而得到两个相等的角，我们将它们称为角 α 。

其实，角 CBB' 也与角 α 相等，因为只要观察一下刚才提到的那个等腰三角形的左半部分的内角和，我们就可以得出角 $B'BA=90°-\alpha$ 。出于对称性的原因，角 $BB'G$ 与角 IBB' 相等。现在我们需要证明的是，角 IBE'——在这里，我们称其为 α'——也与 α 一样大。

由于折叠具有镜面对称的效果，所以线段 BI 的延长线 BD 垂直于 $E'B'$。如果两侧的线段 BE' 和线段 BB' 长度相同，则三角形 $BB'E'$ 是一个等腰三角形，并且垂线将自动成为角平分线，这就意味着 $\alpha=\alpha'$。

事实上，BE' 与 BB' 的长度完全相等。因为四个点 E、E'、B 和 B' 构成了一个梯形，其对称轴正是折叠线。因此，两条对角线 BE' 和 EB' 的长度相等。同时，EB' 与 BB' 的长度也相等，因为 GH 刚好位于 EF 和 BC 的正中间。综上可知，三角形 $BB'E'$ 是一个等腰三角形。由此，我们便证明了线段 BI 和 BB' 的确将给定角等分成了三个角。

我仍然对折纸技巧感到惊讶。用折纸可以轻而易举地解决一个无法用尺规作图解决的问题，这难道还不疯狂吗？

我还发现了其他一些令人惊奇的事：像五边形纸结这样很容易操作的事情，如果从数学的角度去思考则非常曲折。因为证明用纸带打结的方法确实可以构成一个正五边形，并不像证明角的三等分那么容易。

不管你是否能明白这个复杂的证明过程，但是只要你掌握了这些几何技能，就再也不用为复活节或切比萨头疼了。

习题

习题 6*

如果矩形的一组边长延长了 50%，你需要把另一组边长缩短百分之多少，才能使矩形的面积保持不变？

习题 7**

正 n 角形的每个内角是多少度？

习题 8**

如果时钟的指针指示时间是 16:20，那么此时时针与分针之间的夹角是多少度？

习题 9***

如下页图所示，以正方形的每条边为基点，向外各画一个等腰三角形，而且每个三角形的面积都与正方形的面积相同。那么在最后形成的四角星里，两个相对角点之间的距离是多少？

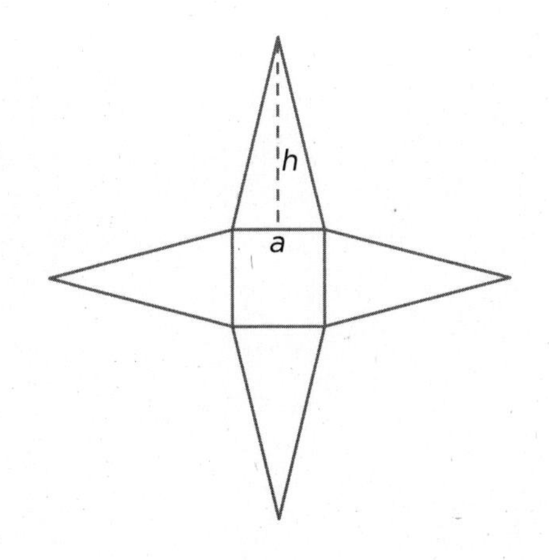

习题 10****

给定一个 63°的角（参见下图），请你只使用圆规和直尺将该角三等分，在平分的过程中不可以折叠纸张。

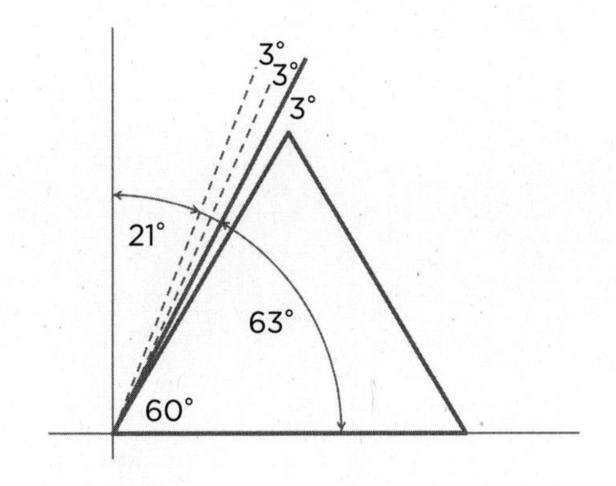

三、划分与驾驭：横加数与童话数字

2 487 是 7 的倍数还是 13 的倍数？我们通常没法看出一个数的除数是多少。现在即便我们没有计算器，也有更快捷的方法可以判断一个数能不能被 9、11 或 13 整除。只要掌握了这一技巧，我们甚至还能用它变魔术。

每个人都要学会如何分配事物。不仅仅是孩子们在一起玩耍时会有这样的经历，在日常生活中我们和数字打交道时也经常面临公平分配的问题。大多数情况下，等分东西是非常简单的事。但有时我们需要绞尽脑汁，让每个人都觉得自己被公平对待了。下面这道难题是一个比较奇葩的案例：

安东、卡尔和约瑟夫三人要照看17只山羊。安东负责照看一半数量的羊，卡尔负责总数的三分之一的羊，约瑟夫负责总数的九分之一的羊。在一次争吵之后，他们决定各走各的路，并且把各自负责的山羊带走。在不杀任何一只羊的情况下，他们要怎样合理地分羊呢？

乍一看，这个问题似乎不是那么容易解决。如果安东分到一半的山羊，即17除以2等于8.5，也就是8.5只山羊，但是按照规定不能杀羊。为了解决这个难题，他们想到了别的办法，即向牧羊人借1只山羊，这样他们就有18只山羊了。这次依然按照最初的分法：安东有9只山羊（一半），卡尔有6只（三分之一），约瑟夫有2只（九分之一）。最后还剩下1只羊——借的那只羊——他们把那只羊又还给了牧羊人。

这样的分法用数学理念来看是不准确的，因为 17 的一半不是 9，而是 8.5。但这种分法却是合理的，因为 9∶6∶2 恰好与和的比例关系一样。

然而，当时只有借羊的这种做法是可行的。如果这三个人严格按照最初的分配方案，必然会有山羊被杀掉，而且最后还会剩下 1 只不属于任何人的山羊。

当然，杀羊的分法我们要尽可能地避免，这不仅仅是从山羊的角度考虑，因为没有谁喜欢计算那些复杂的数字。因此在本章中，我将会教你一些技巧，它们可以帮助你快速地辨别一个自然数能不能被另一个自然数整除。

也许你在学校时已经掌握了古老的技巧，它可以帮助你去判断一个数能否被 3 整除。那你知不知道为什么这样算是正确的呢？有没有类似的技巧可以判断一个数能不能被 11 或 13 整除呢？比如一个所谓的童话数字 1 001 恰好是 7、11 和 13 的乘积，类似的例子还有很多，稍后我再举例说明。

我们先从简单的开始。我是如何知道哪个自然数可以被 2 整除的呢？答案是，这个数必须是偶数，那么它可以被 2 整除且没有余数。反过来，如果一个数的个位数可以被 2 整除，那么这个数一定是偶数。

同样，5 和 10 判断起来也很容易。当一个数的个位数是 0，那么它就可以被 10 整除。如果一个数的个位数是 0 或 5，那么它一定可以被 5 整除。

那被 4 整除的方法是什么呢？在这里，我们只需要看一个自然数的后两位数，如果由十位数和个位数构成的两位数可以被 4 整除，那么这个自然数就可以被 4 整除，比如数字 35 648，它的后两位数是 48，48 能被 4 整除，所以 35 648 可以被 4 整除。这是因为 100 及 100 的所有倍数都可以被 4 整除。

换句话说，如果一个任意的自然数的后两位数都是 0 的话，这个数一定是 4 的整数倍。所以，如果要判断一个数能否被 4 整除，只需看这个自然数的后两位数就可以了。

横加数的原理

判断一个数能否被 8 整除的方法也同上文相似。如果一个数的后三位数可以被 8 整除，那么这个数就能被 8 整除，比如 35 648 就可以被 8 整除，因为它的后三位数是 648（=81 × 8）。这个方法行得通是因为 1 000 及它的所有整数倍都可以被 8 整除（125 × 8=1 000）。

3 的整除规则前面已经说过了：只要一个数的横加数能被 3 整除，那么这个数就能被 3 整除。上面例子中的 35 648 就不符合 3 的整除规则，因为它的横加数是 26。

利用横加数的这一技巧，我们可以在几秒钟之内判断一个多达 10 位的数能不能被 3 整除，我在这里举例说明一下。例如，数字 1 234 567 890，它的横加数是 45(=1+2+3+4+5+6+7+8+9+0)，45 可以被 3 整除。此外，如果一个数的横加数本身就比较大，而且你也无法直接判断出这个横加数是否是 3 的倍数，这时你可以继续计算这个横加数的横加数，然后判断稍小一点的那个横加数，以此判断它是否可以被 3 整除。

比如上面的这个例子，我们已经得出一个横加数为 45，而在此基础上计算 45 的横加数为 9，显然，9 可以被 3 整除。

解释横加数的这一规则为什么成立稍微有些困难。如果你想自己证明整个过程，请你先不要读下面的内容。

对横加数原理的证明包含两部分。我们首先来看一下所有 10 的整数幂（注：这里仅指 0 和正整数的指数幂，不包括负整数的指数幂。后文同，不再一一标注）被 3 整除后的余数都有哪些。之后，我们再去证明一个数的横加数确实可以帮助我们找到其他的余数。

从 10 的整数幂开始，我们通常将它表示为 10^n：从 $10^0=1$、$10^1=10$、$10^2=100$、$10^3=1\ 000$… 到 $10^n=100\ 000\cdots0000$（n 是等号右侧 1 后面 0 的数量）。由此可见，每个 10 的整数幂除以 3 后都余 1。

全都是 9

幸运的是，这并不难证明。当我们从 10 的 n 次幂中减去 1 时，我们将得到一个 n 位数，而且它的每位数都是 9，比如 $n=3$，$1\ 000-1=999$。每位数都是 9 的数一定能被 3 整除，同时也能被 9 整除。

为什么我们要用 10 的整数幂的这一特性呢？因为我们的

数字系统是建立在 10 的整数幂的基础上的。以 35 648 这个数为例，我们可以将它写成下面这种形式：

$$3 \times 10^4 + 5 \times 10^3 + 6 \times 10^2 + 4 \times 10^1 + 8 \times 10^0$$

35 648 的每位数在 10 的 n 次幂前面作为因数，而且我们已经知道了每个 10 的 n 次幂除以 3 后都余 1。

现在，我们来看一下如果把一个 10 的整数幂与相对应的因数相乘，它的可整除性和余数会发生什么。仍以 35 648 为例，它的左起第二个数是 5，10^3 除以 3 后的余数是 1，那么 5×10^3 的余数是多少呢?

如果我们把 10^3 写成 $3 \times 333+1$，那么 5×10^3 则可以写成下面这种形式：

$$\begin{aligned}5 \times 10^3 &= 5 \times (3 \times 333 + 1) \\ &= 5 \times 3 \times 333 + 5 \times 1\end{aligned}$$

由此可见，5×10^3 的余数恰好是 5。

我们可以用同样的方法证明 $m \times 10^n$ 除以 3 的余数正好是 m，其中 m 和 n 均为任意自然数。

上面我们推导了 10 的 n 次幂除以 3 的乘法法则。同样，该法则也适用于任意被除数 a 除以数字 c 后得到的余数。当我们将 a 和自然数 b 相乘，并且想知道它们的乘积除以 c 的余数是多少时，只需要求 a 除以 c 的余数，然后将其乘以 b 即可：

（$b \times a$）的余数 = b 的余数 × a 的余数

我们马上就要完成对横加数规则的证明了。不过还需要证明的一点是，每位数相加时只需看余数就可以了。在这里，我们以 $3 \times 10^4 + 5 \times 10^3$ 为例：

$$
\begin{aligned}
3 \times 10^4 + 5 \times 10^3 &= 3 \times (3 \times 3\,333 + 1) + \\
&\quad 5 \times (3 \times 333 + 1) \\
&= 3 \times (3 \times 3\,333 + 5 \times 333) + \\
&\quad 3 \times 1 + 5 \times 1
\end{aligned}
$$

从上面的等式可以看出，3×10^4 和 5×10^3 的和被表示为两部分相加的形式，一部分为两个余数的和，即 $3 \times 1 + 5 \times 1$，另一部分为一个可以被 3 整除的数。我们可以将其表达为：

（$3 \times 10^4 + 5 \times 10^3$）的余数 =（$3 \times 10^4$）的余数 +（$5 \times 10^3$）的余数

如此一来，我们就可以得出下面这个普遍适用的结论：（$a+b$）的余数 =（a 的余数 + b 的余数）的余数。

几句题外话

数学家们在计算有余数的运算时常常使用“Modulo”（带余除法）这一术语，比如 8 除以 3 的余数可以写成：

$$8 \bmod 3 = 2$$

在计算余数的加法或乘法运算时，计算法则如下：

$$(b \times a) \bmod n = b \times (a \bmod n)$$
$$(a + b) \bmod n = a \bmod n + b \bmod n$$

在这里，我暂时不使用“Modulo”这一写法，但在第 7 章对日历的计算中会用到它。

现在，大家都明白为什么通过计算横加数我们能立刻判断出一个数能否被 3 整除了吧。例如，35 648 这个数：

$$3 \times 10^4 + 5 \times 10^3 + 6 \times 10^2 + 4 \times 10^1 + 8 \times 10^0$$

当我们在求横加数 3+5+6+4+8 的和时，我们就相当于在求每个单独的 10 的整数幂与数字乘积的余数的和。由于横加数的和 26 不能被 3 整除，所以 35 648 就不能被 3 整除。同理，这一规则也适用于数字 9。此外，横加数的和还可以帮我们求得相应的余数。到这里，我们成功证明了除数为 3 和 9 的横加数的计算原理。

11 法则

我们已经了解除数为 2、3、4、5、8、9 和 10 的规则，那我们该如何判断一个数是否是 11 的整数倍呢？其实，这也有一个简单的判断技巧。不过，我们不再是单纯的计算横加数的和，而是交替计算横加数。这里仍以 35 648 为例，它的交替横加数是：

$$3-5+6-4+8=8$$

由上面的等式可以看出，这里的加法和减法是交替的，因此我们称它为“交替横加数”。由于等式最终的结果 8 不能被 11 整除，所以 35 648 不是 11 的整数倍。在你还不知道这个技巧的时候，你一定会觉得那就像变魔术一样。接下来，我将为你解释这个 11 法则的计算原理。

10 的偶数次幂，即 10^2、10^4、10^6，等等。在除以 11 时，余数总是 1，要证明这一点并不难。数字 $10^{2n}-1$ 的结果始终由 $2n$ 个 9 组成，即 999…999。将该数除以 11 得到的数为（$2n-1$）位数，其形式为 90 909…909，这个数以 9 开始，以 9

结束，其间的其他数字在 0 和 9 之间循环。你可以试着计算一下 99、9 999 或 999 999 除以 11 的结果。

10 的奇数次幂除以 11 时，余数是 10。在此我们需要借助前面推导的余数的乘法规则。由上文我们得知，10^{2n} 除以 11 的余数为 1，那么乘法 $10\times10^{2n}=10^{2n+1}$ 的结果的余数是 $10\times1=10$。在这里，我们把余数 10 替换成余数 -1，因为 10 和 -1 之间的差恰好是 11。由此表明，10 的奇数次幂除以 11 时，余数为 -1。

既然我们已经知道 10 的偶数次幂（比如 1、100 或 10 000）除以 11 时的余数是 1，10 的奇数次幂（比如 10、1 000 或 100 000）除以 11 时的余数为 -1，那么在求交替横加数时，我们只需在每个数的前面匹配正确的运算符号就可以了。比如 35 648，计算得出它的交替横加数为 3-5+6-4+8=8。其实，不管你是以加法还是减法开始计算交替横加数，结果都是一样的。所以你也可以计算 -3+5-6+4-8，结果为 -8，答案也是正确的。对于这个技巧来说，其中最重要的是判断这个交替横加数的最终结果能否被 11 整除，而数字前面的符号完全不影响判断结果。

那么，如何判断一个数能否被 7、13、17 或 19 整除呢？你一定会感到惊讶的，因为这些数也有类似的整除规则。

首先，我想向大家演示一种方法：只要除数既不包含质因数 2 也不包含 5，就可以用它来判断除数是否可以整除被除数。在这里，我们以 308 为例，判断它能否被 7 整除。

消去数尾

我们在此使用的方法很简单，只需从测试的数 308 中减去除数 7 的整数倍即可。但我们选择的这个 7 的整数倍要满足一个条件：308 在减去它之后得到一个可以被 10 整除的数，也就是说我们需要构成一个这样的计算——308-7×4=308-28=280。然后将结果 280 中的个位数 0 去掉，从而得到 28，这时候我们就需要判断 28 能否被 7 整除了。显然，28 是 7 的整数倍，所以 308 能够被 7 整除。

只要除数不含质因数 2 和 5，就可以用这种方法判断它是否可以整除某一个数。

在判断 308 除以 11 的商是否为整数的时候，你只需要将 308 减去 88（=8×11），之后用同样的方法去掉结果 220 的个位数 0 就可以了。由此判断得知，22 可以被 11 整除，所以 308 也能被 11 整除。

在判断 308 能否被 19 整除的时候，我们需要用 308 减去 38（=2×19）。之后再将结果 270 简化成 27，你会发现 27 不是 19 的倍数，所以 308 不能被 19 整除。

我们可以多次重复进行这种减去除数的整数倍并去掉其结果尾数 0 的运算，以此来判断较大的数。计算过程可能会耗费些时间，但是这样的话，即便没有计算器，我们也能得出正确的答案。

不过，有一种叫“童话数字”的算法在我看来更加便捷。

这种方法可以帮助我们立刻判断出一个数能否被 7、11 或 13 整除，它利用的正是 7×11×13=1 001 的这一特性。你一定听过《一千零一夜》里的童话故事吧，因此数字 1 001 也被称作“童话数字”。具体的计算过程如下：

首先，我将要判断的数按照从右向左的顺序，每三个数字为一组依次进行分组，比如 134 768，然后用从左起第二组的三位数（768）减去最左边的那组数（134，最多由三个数字组成）。接下来，我会一直重复这个步骤，也就是用下一组的三位数减去现在位于最左侧的那组数，直到最后只剩下一个不超过三位的数字。如果最终的结果能被 7、11 或 13 整除，那么最初的那个数就能被 7、11 或 13 整除。

用“童话数字”计算

过程听起来似乎比实际操作要复杂一些，我还是来举例说明一下吧：

首先，134 768 按照上面的步骤可以分成两组：134|768。然后，用 768 减去它前面的那个三位数，即：

134 | 768

– 134

= 634

我们根据上一节的内容可以快速判断出 634 不能被 7、11 或 13 整除，所以 134 768 也不能被 7、11 或 13 整除。

我们再用这一方法举两个例子，比如 24 332 和 123 456 789。24 332 可以分成 24 和 332 两个数组，然后用后一个数组减去前一个数组，结果是 308，如下所示：

24 | 332

 − 24

 = 308

308 不能被 3 整除，但可以被 7 和 11 整除。这一点我们已经用之前的消去尾数 0 的方法证实了。由此可知，24 332 是 7 和 11 的整数倍。

同理，123 456 789 可以分成 123、456、789 三组数。首先用 456 减去 123，结果是 333。然后用 789 减去上一步的结果 333，得到 456，如下所示：

123 | 456 | 789

 − 123

 = 333 | 789

 − 333

 = 456

由于 456 不能被 7、11 或 13 整除，所以由此可以得出 123 456 789 不能被 7、11 或 13 整除。

此外，在计算的过程中会出现结果是负数的情况。在这种情况下，也是按步骤依次计算，但在计算的过程中需要注意一下负号。在这里，我们以 441 221 333 为例：

441 | 221 | 333

　- 441

= - 220 | 333

　　- (- 220)

　　　= 553

由于 553 能被 7 整除，所以 441 221 333 也可以被 7 整除，但不能被 11 或 13 整除。

当我们用 1 001 规则通过上面的计算步骤得出最终结果是负数的时候，这并不影响我们对这个数整除性的判断。比如 -22 能被 11 整除，-23 则不能。因此，我们可以忽略最后一步中可能出现的负数符号。

你发现“童话数字”规则背后的秘密了吗？事实上，我已经将秘密告诉你了，即在该方法中，需要前后多次用一个数减去另一个数的 1 001 倍。初始数在被 7、11 或 13 整除后，余数不会因此而发生变化，因为减去的数是 1 001，也就是 $7 \times 11 \times 13$ 的倍数，而这一部分总能被 7、11 或 13 整除，余数为 0。

我们以 123 456 789 为例，第一步是：

$$
\begin{aligned}
& \quad 123\,456\,789 \\
& -\ 123\,123\,000 \\
& = \qquad 333\,789
\end{aligned}
$$

因此，$123\,123\,000=123\times 1\,001\times 10^3$。

第二步：

$$
\begin{aligned}
& \quad 333\,789 \\
& -\ 333\,333 \\
& = \qquad 456
\end{aligned}
$$

因此 $333\,333=333\times 1001$，因此它同样是 1 001 的倍数。

与平均分交锋

通过“童话数字”判断整除性的方法实在太巧妙了，在寻找判断整除性规则这一主题上有太多内容可以讲。在卡尔·门宁格（Carl Menger）于 1931 年出版的一本书中，我发现了一种适用于任意两位数除数甚至三位数除数的通用方法。

该方法建立在补数的基础上，运算原理和上述中的技巧一样，这是对“童话数字”规则的普遍概括。这两种情况都是从我们要判断的被除数中减去除数的整数倍，以此使得除数变得越来越小。

在求补数的过程中，我们首先要巧妙地用数字 100 或 1 000 表示每一个除数，同时还要找到一个距离 100 或 1 000 最近的除数的整数倍。而这个整数倍与 100 或 1 000 之间的差数，就是所谓的补数。

我们通过一个例子来了解它的具体计算过程。例如，数字 7，我们需要将 7 先乘以某个整数倍，然后再加一个数变成 100，也就是 7 × 14+2=100。如果要判断 833 能否被 7 整除，需要先删去百位上的数字 8，但整体要加上 8 × 2，这是为了确保所得结果比初始数减少 7 的整数倍，如下所示：

833

+ 16

= 49

由于 49 能被 7 整除，所以初始数 833 也能被 7 整除。当然，事实证明也是如此：7 × 119=833。

运用补数的方法时，效果最明显的是补数小于 100 或 1 000 的情况。比如除数是 111 时就是这种情况，因为 9 × 111+1=1 000。

45 335 能被 111 整除吗？我们先减去 45 × 1 000，然后再加上 45 × 1，事实上我们只减去了 45 × 999，即减去 111 的整数倍，如下所示：

~~45~~335

\+ 45

= 380

由于 380 不是 111 的整数倍，所以 45 335 不能被 111 整除。

仔细观察“童话数字”的规则，你会发现它恰好是补数规则中的特殊情况。显而易见，7 × 11 × 13-1=1 000。那么补数即为 -1，也就是负数。如果我们从要判断的数中去掉千位上的数，还需从余下的三位数中减去去掉的千位上的那个数，才能保证计算准确。

利用补数的计算方法在一些情况下会显得特别复杂，因为这种方法产生于一个没有计算器的时代。下面我们看一个除数是 19 的例子，5 339 能否被 19 整除？按照补数规则，它是 19 × 5+5=100，5 339 先减去 5300，然后再加上 265（=53 × 5），如下所示：

~~53~~39

\+ 265

= 304

我们继续减小 304，从中减去 300，再加上 3×5=15，即

~~3~~04

+ 15

= 19

由此可知，5 339 能被 19 整除。计算器也可以证明：5 339÷19=281。

尽管补数的这种计算方法可以达到目标，但在日常生活中人们其实并不需要，因为我们使用计算器就可以了，每部手机上都有计算器的功能。不过，我认为这种方法非常有趣，所以将它展示给你们。我在前面讲的横加数的方法和“童话数字”法相对来说都比较简单，在生活中十分实用。借助这些技巧，你就可以判断一个数能否被 3、7、9、11 或 13 整除。再加上众所周知的 2、4、5 和 8 的整除规则，你在小朋友过生日分糖果时就不会有困难了。

如果能将这些规则巧妙地结合起来，我们还可以判断其他数的整除性，如 6、12、18，甚至 99。例如，一个偶数，它的横加数能被 3 整除，那么这个数可以被 6 整除。如果一个数的横加数能被 9 整除，同时它的交替横加数还能被 11 整除，那么这个数就能被 99 整除。

真题检验

我们也可以利用横加数原理去检验计算结果的准确性。在计算器还没诞生的年代，这是一种常见的检验方法。“去九法”和“弃 11 法”虽然不能百分之百确保计算结果是正确的，但它们已经提供了极高的准确性。

两者的检验都基于这样一个事实：我们能够直接从结果中计算出除数为 9 或 11 时的和、乘积或差的余数。如果 a 的余数为 1，b 的余数为 2，那么两者乘积的余数必然是 1 乘以 2 等于 2，和的余数为 1 加 2 等于 3。

我们可以分别使用“去九法”和“弃 11 法”，比如下面这个例子：

  1 235
+5 678
= 6 813

根据“去九法”检验发现上面的计算是错误的，1 235 和 5 678 这两个数的单独两次横加数的总和是 2+8=10，即 1。同理，6 813 的两次横加数依次是 18 和 9。同样，用“弃 11 法”检验发现结果也是错误的。按照正负交替的横加数原则，上面三个数的交替横加数结果分别是 -3、-2 和 -4，但是 -3 与 -2 的和不等于结果 -4。

今天，在没有计算器的情况下，这两种验算方法都可以帮助你快速检验计算结果，比如检验 17×241=4 099 这个运算是否正确。根据“去九法”法则：17 的横加数 ×241 的横加数 =8×7=56，其中交替横加数为 11，继续计算横加数为 2（=1+1）。4 099 的横加数为 22，两次横加数为 4。由此判断，17×241=4 099 是错误的，因为等式两边除以 9 时的余数不同。

在有些时候，我们可能会出现计算错误的情况，以至于“去九法”的检验结果是正确的。处于这种情况下的结果与正确的结果相差 9 的倍数。或者也有可能把数字的位置弄错了，把 870 写成了 87。就算我们把“去九法”和“弃 11 法”结合在一起，也有可能发现不了错误，因为错误的结果刚好是 99 的倍数。

你在本章中又重新学习了除法规则。可能你仍会质疑我们是不是真的需要这些规则。其实，关于“去九法”的更有趣的技巧在第七章和第九章中等着你呢。在那两章中，数学里的许多妙招都巧妙地运用了横加数的法则，你一定会大吃一惊的！

习题

习题 11*

如何判断一个数能否被 16 整除？

习题 12**

下列哪些数可以被 55 整除？

3 938

2 512 895

4 541 680

习题 13**

下列数能被 7、11 或 13 整除吗？

15 575

258 262

24 336

65 912

22 221 111

习题 14**

m、n 均为自然数，请你证明：当 $100m+n$ 被 7 整除时，$m+4n$ 也能被 7 整除。

习题 15****

请你找出除以 5、7 和 11 后，余数都是 1 的最小质数。

四、保证不会松：打结的学问

你可能学过如何系蝴蝶结，而且还犯了不少错误。即使是打结，在数学分析前也变得不那么牢固了！关于这点，我们有 85 种分析方法。

当我第一次在船上打结时，我十分震惊。我在帆船课上学到的一种打结方法展示了这种结可以承受一吨重的负荷，并且之后人们还可以轻松地将其解开。

我在30岁之前没有学过打结。不过，我会系蝴蝶结和平结。之后，我到德国北部学习帆船驾驶技术。考试内容中有一项是打海员结（参见下页图）、单结和双结。

我买了一本关于编绳结的书，顿时惊叹不已，一根绳子竟然可以变出多种不同的绳结。即便是两个看起来相似的绳结，它们的特性也不一样，这是为什么呢？那把两条绳子编在一起有多少种方法呢？

后来我意识到编绳结一定和数学有关。因为我清楚地知道绳结的原理，它不只是让系好的领带看上去更美观，还有其他功能，比如让我们的生活更轻松。因为比起小时候自己系的鞋带，巧妙设计过的鞋带结会更结实，而且更不容易松开。

我们首先了解一些关于纽结的理论知识。打结属于几何学里的一部分——拓扑学，即关于某种构造的学问，即使我们拉伸或弯曲它们，它们的特性也不会发生改变。试想一下，由橡皮泥构成的立体结构，你可以随意改变它们的形状，但却不能挖洞，也不能把已有的洞填补好。

© Oliver Mann

海员结：容易解开，极其牢固且不易自己散开

苹果和梨虽然不能相提并论，但从拓扑学上来讲，它们是一样的。苹果和香蕉也是一样，甚至圆球和玻璃杯也是一样的，因为我们可以通过改变其形态使两者相互转化。想象一下，你手中有一个橡皮泥做的圆球，当你用大拇指在上面使劲按压时，便会得到一个轮廓像玻璃杯的造型。

但是，如果我们把一个有把手的杯子和圆球作比较，情况就不同了。因为杯子有手柄，就多了一个洞，圆球则没有洞（参见下页图）。相反，我们可以将一个甜甜圈轻松地变成杯子，只需在甜甜圈侧面的某个位置挖一个洞，这个洞就是我们倒咖啡的位置。

到底什么是绳结呢？一个非数学专业的人可能会指向他自己的鞋带或者两条相互缠绕的绳子。大多数情况下，一提到绳结，我们就会想到两条系在一起的绳子或者一条绑在杆子上的绳子。

拓扑学：杯子不是一个球体

这些在纽结理论中都属于特例。为了统一对纽结进行分类，数学家们用一条封闭的环形绳去探索哪些可能形成的结构。其中，最简单的是没有纽结的环。但是，一条封闭的绳子也可能会缠结或打结。数学家们提出了以下问题：两段用不同方式打结的绳子是否属于同样的拓扑学结构？在不使用剪刀的情况下，我们能不能把一种纽结转化成另一种形式？

从以太到绳结

人类在很久以前就开始使用绳结了。希腊神话中有戈尔狄俄斯之结。古希腊罗马时期有所谓的赫拉克勒斯结，之后被称为“爱结”，现在被称为“平结”。

航海家、垂钓者、登山者和外科医生都会用到纽结。纽结理论源于英国物理学家开尔文勋爵（Kelvins，1824—1907 年）。国际单位制中的热力学温度单位就是以他的名字命名——开（K）。

开尔文在物理学领域的贡献无可争议，但正如我们今天所知，他在研究过程中也犯了不少错。当时，人们仍然相信“以太”的存在，这种物质是不可见的，但能穿透空间。开尔文试图用不同于以太涡流的联结去解释化学元素的多样性，最终这个怪诞的理论失败了，不过纽结的学说由此诞生。

长期以来，纽结理论只是数学中的摆设，但现在它成为生物化学家研究复杂的折叠分子结构的重要工具，比如 DNA。

纽结理论对我们的日常生活也有帮助，我想先从鞋带讲起。我经常系不好鞋带，因为它总是自己就散开了，我不知道你是不是也和我一样。通常，为了确保鞋带系得牢固，我会把它们系两次结。这样的话，鞋带就会很难解开，但是为了使鞋带不散开，我也只能这样做了。

这样系好的鞋带可行吗?

鞋带系得牢不牢固，在运动时很重要。即使是世界一流的跑步者也会有鞋带松开的时候，比如 2008 年北京奥运会的金牌得主牙买加田径运动员尤塞恩·博尔特（Usain Bolt），他在跑步的时候鞋带就松开了，幸亏他鞋子上的防滑钉足够紧，他最终还是创造了新的世界纪录。

对于马拉松运动员来说，鞋带松开是一个很严重的问题。1997 年，肯尼亚选手约翰·卡格威（John Kagwe）在纽约马拉松赛场上两次停下来系鞋带，尽管他赢得了比赛。对于运动员来说，没有人愿意在赛场上停下来，因为这样会失去自己的节奏，这一点每个运动员都很清楚。

在搜索本章的素材时，我知道了自己系不好鞋带是因为打结方式有问题。我的鞋带由两个简单的纽结组成，在系第二个结的时候，系的不是鞋带的末端，而是两个结环。因此，一拉鞋带的末端，第二个结就很容易松开。

平结

从拓扑学上看，传统的系鞋带方式有两种：要么是系两个同样简单的结，要么是系两个不同的结。

用同样的方式系这两个结，每次都用左边的绳子从后方穿过右边的绳子，这样就会得到一个“外行平结”（参见下页左上图）。

当我们交换两条绳子的缠绕方向时，我们就会得到一个平结（参见下页右上图）。我小时候就知道平结要比祖母结牢固得多。

外行平结（祖母结）　　　　平结

虽然我们无法直接看出两条系在一起的绳结是平结还是外行平结，但可以借助绳子的方向判断：如果绳结是横向对着鞋子的纵向，那么很可能是平结；如果绳结是纵向对着鞋子，那就可能是祖母结。

判断绳结的类型还有一个简单的小技巧。我们可以用手拉绳圈（记住不是绳头，拉绳头的话就把鞋带解开了），两个绳头就会穿过第二个绳结，这就是我们常说的“双结”。

平结　　　　外行平结

仔细观察这个双结，你只需松开或转动它一下，就知道接下来该怎么做了。对比你打的结和上页图中的结，你会发现你打的很可能是平结。这样一来，你就学会了如何正确地系鞋带，祝贺你。

或者，你打的是祖母结，这样的话，你就需要学习一下新的系鞋带方法了。最简单的一种方法是在系第一个结的时候，将绳头两端交叉，如果你习惯用右侧绳子末端穿过左侧的绳子，那么请将右侧的绳头放到左边绳头的上面。试一下吧，平结真的更牢固，对我来说，系个平结的鞋带一整天都不会散开。

如果你想提升自己系鞋带的能力，那么推荐你访问澳大利亚鞋带大师伊恩·费根（Ian Fieggen）的网站——fieggen.com。这个计算机科学家系统地分析了如何系鞋带，并在网站上介绍了自己发明的系鞋带法，即传统的平结的鞋带系法，这种系法的速度要比我们小时候学的方法快得多。伊恩还展示了更牢固的鞋带结，对他来说，这些绳结是很有必要的，因为比如尼龙制的鞋带太过光滑，不好打结。

系得牢才是重点

系鞋带的内容远远没有结束。因为系鞋带不仅有很多打结方法，就连鞋带如何穿过绳圈也有很多可能性，内容太多足以让人晕头转向。

“捆绑理论”源自澳大利亚数学家博卡德·波斯特（Burkard Polster）。2002年，他在著名的科学杂志《自然》（*Nature*）上发表了一篇关于多种捆绑方式的文章。“我认为，当看到公众对这个主题如此感兴趣时，没有人会比我更惊讶。”博卡德如是说。

从系蝴蝶结这一问题上，我们可以发现纽结理论（Knot theory）与组合分析学之间有很大联系。一个蝴蝶结基本上由两个简单的结组成，这些结中的每个结都可以用两种不同的方式打结，从左边开始或者从右边开始（参见下图）。因此，一共有4（=2×2）种系蝴蝶结的方法。其中两种是平结，即打结的方向不同，另外两种则是不太牢固的祖母结。

鞋带系法：星星结（左）和传统的交叉结（右）

穿鞋带时方法就更多了，这一点从下图中的鞋孔上就可以看出来。因为在任何情况下，我们都必须把鞋带从鞋孔中穿过去，以便把我们的鞋子“捆”起来，它也有 4 种可能性。我们可以将鞋带的两端从上方或下方穿过鞋孔，或者说是用不同的穿法：从左向上，从右向上，或者反过来。

鞋带艺术：魔鬼法（左）和蜿蜒法（右）

我们现在已经掌握了第一种穿鞋带的方法，接下来会更复杂。我们可以将鞋带的两端对角穿入相邻的鞋孔，当然也可以不用对角穿过，而是垂直穿入上方的鞋孔。或者，你也可以用鞋带的一端穿入上方相邻的鞋孔，然后将另一端穿入上方第二个或更上面的鞋孔中。当你在商场里将运动鞋从鞋盒里拿出来时，你在运动鞋上能看到这一方法。

博卡德·波斯特根据不同的标准对捆绑技术进行了分类。他分出了八种不同的系法（参见下图），包括十字交叉法、“之”字形法和蝴蝶结法。还有两种不常见的系法，即鞋带不仅自上向下穿入，还从下向上穿入，直至最终到达顶部的最后一对鞋孔，它们被数学家波斯特称为“魔鬼法”和“天使法”。除此之外，还有一种方法叫作“蜿蜒法”，遗憾的是，我暂时还没找到合适的德语单词去形容它。使用上面的这些方法，每个鞋孔仅需穿入一次。

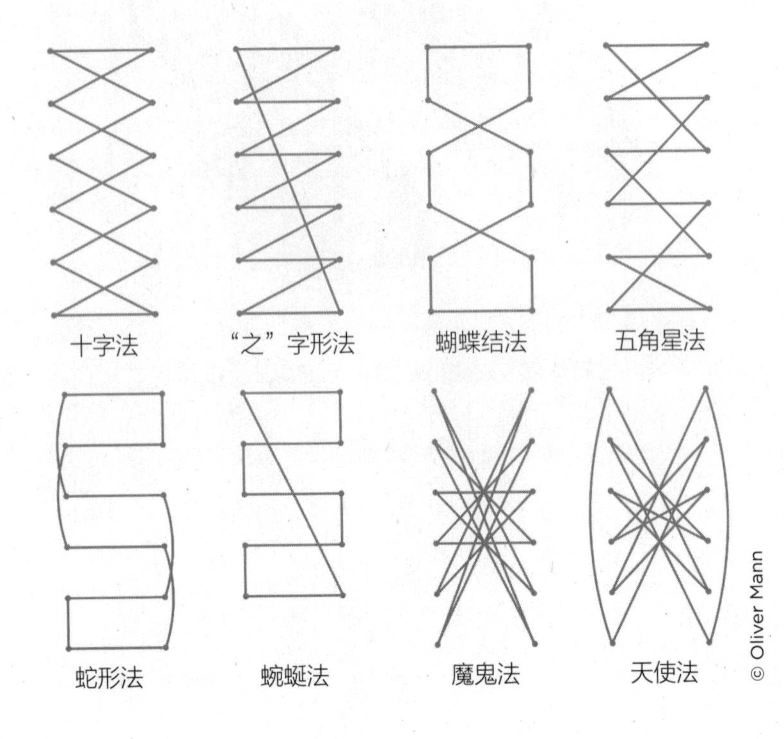

此外，波斯特还根据这些方法的不同特征做了如下分类。

1. 紧实的：鞋带不是垂直穿入的，比如十字法、“之”字形法、五角星法。

2. 单向的：鞋带不会穿到下方的鞋孔中，而是一直向上穿入鞋孔，魔鬼法和天使法不属于这类。

3. 直的：鞋带是水平穿入鞋孔的，比如“之”字形法和蛇形法。

4. 超级直的：鞋带的方向是直的，要么是水平的，要么是垂直的，一定不是斜的，比如蛇形法。

如果鞋子只有两对鞋孔，则有下面三种穿法：

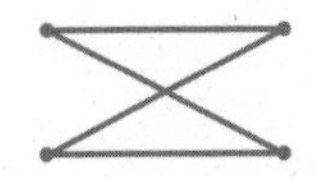

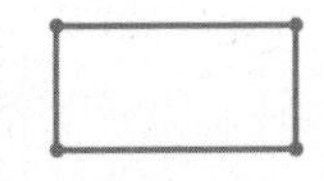

© Oliver Mann

在这里，鞋带就像纽结理论中提到的那条封闭的环形绳。无论是自下而上还是自上而下将鞋带穿入鞋孔，对波斯特来说都不重要。因为他只对穿过哪些鞋孔以及如何穿孔感兴趣。你想象一下，将一条环形绳从某处剪断，便可得到一根你所熟悉的带两个绳头的鞋带。当从左边或右边系绳子时，我们通常会从上面两个孔的中间将绳子剪断，然后在这个位置打一个结。

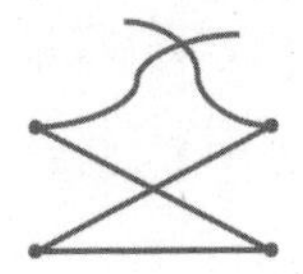
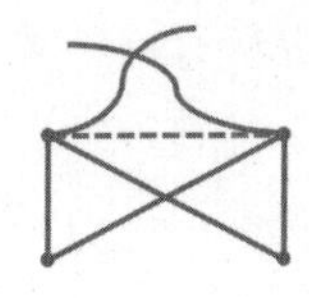

第二种方法中的系活结对你来说可能是个挑战。或许你会把图中虚线的位置放在两条对角鞋带的其中一条上，那样的话，这个活结就会是对角线形状的。或者直接在上面的一个鞋孔处剪断，然后把鞋带的一端穿入相邻的鞋孔。在上页图中，我们把这个额外的横向连接线用虚线标了出来。接下来，我们在这个位置打一个普通的活结，而虚线标记的部分则会被活结挡住。从第二个例子我们可以看出，为了在实践中更好地运用纽结理论，有时可能需要借助辅助线。

如果鞋子有三对鞋孔，则有 42 种穿孔方式。

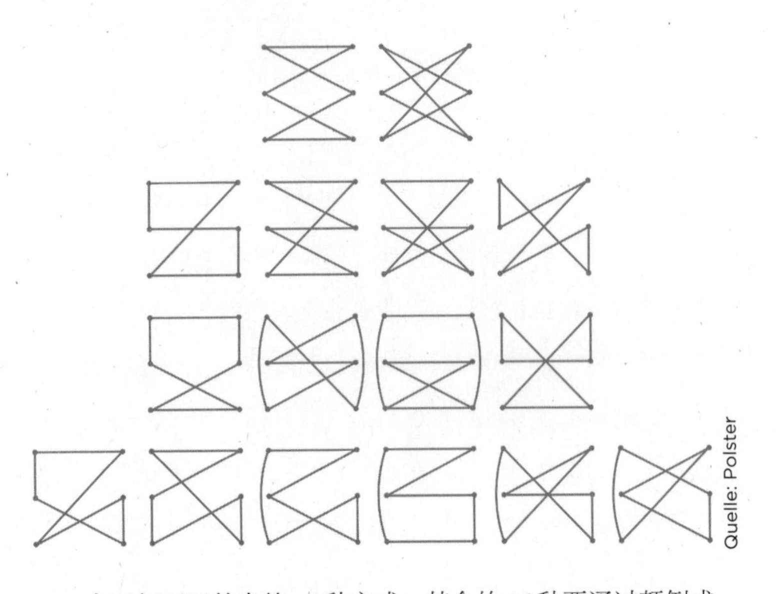

上图仅画了其中的 16 种方式，其余的 26 种要通过颠倒或旋转图中的这 16 种才能得到。如你所见，系绳结很快就变得复杂起来。

根据波斯特的理论可知，当鞋子有 6 对鞋孔时，我们可以有 370 万种鞋带系法。如果有 8 对鞋孔，我们则有 527 亿种鞋带系法！那么，在这些方法中有没有一种方法比我们所知道的所有方法都要好呢？答案是，肯定有。

如果你只是想找一种将两边的鞋带系在一起的最牢固的方法，那么波斯特将给你一个非常简单的答案：我们常用的十字法和之字法就具有这样的特征。这一点似乎很容易理解，不过波斯特还是用数学家极其缜密的学术态度证明了为什么这两种方式是牢固的。

5 对鞋孔：51 840 种系法中的其中 4 种

然而，我们在穿鞋带的时候，不仅要考虑它们的稳定性，还有一些其他问题，比如鞋带有点短，但又买不到长鞋带时，该怎么办？在这种情况下，波斯特推荐我们系蝴蝶结。因为如果我们要用到所有的鞋孔，蝴蝶结系法占用的鞋带长度无疑最短。

许多跑步爱好者会避免这种牢固的系法：因为给予脚背过

多的压力会加重神经系统和血管的负担，可能造成疼痛等不良后果。因此，不那么紧固的蛇形系法就是一个很不错的备选方案。为了减轻脚面的负担，一些慢跑者的鞋带干脆不穿过脚部关键部位附近的两个鞋孔。

对于所有脚后跟需要保持高度稳定性的跑步者来说，有专门的马拉松系法，也被称作脚后跟防滑法。或许你曾注意到某些运动鞋顶部的一对鞋孔通常位于鞋子靠后的位置。

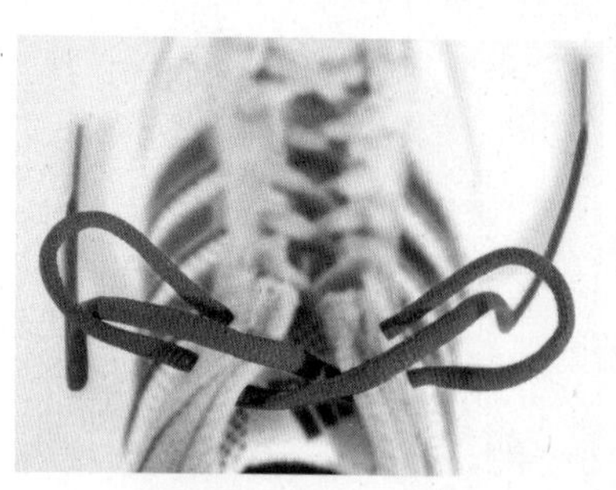

马拉松系法：增强脚后跟的稳定性

上图中的马拉松系法充分利用这些鞋孔，不过系出的活结会靠前一些，大概在倒数第二对鞋孔和最后一对鞋孔之间。这种系法要求我们从倒数第二对鞋孔中取出鞋带的两端，然后分别将这两端由外侧穿入上方的那对鞋孔中。注意，先不要把鞋带的两端拉直，因为后面还会用到鞋带中间的绳圈。

现在拿起鞋带的两端，使其先后穿过与鞋孔相对的绳圈，再把鞋带的两端向外拉，如上图所示（左图）的那样。最后一步是按照个人习惯将鞋带系一个活结（上页右图）。这个活结的位置比在倒数第二对鞋孔处打的结要略高一些。另外，这样打结会更牢固，因为活结下方的鞋带又重复交叉了一次。

如果你想了解更多相关内容，我建议你读波斯特的著作《鞋带书：鞋带的最好和最差系法的数学指南》[*The Shoelace Book-A Mathematical Guide to the Best (and Worst) Ways to Lace Your Shoes*]。

拓扑学对男士的用途

当我们谈论日常生活中的纽结时，我们一定会谈到领带。你应该也意识到了，纽结理论与系领带之间有着重要的联系。不过，令人惊讶的是，综合的领带结理论还未发展成熟。1999年，英国剑桥大学圣琼斯学院的两位物理学家托马斯·芬克（Thomas Fink）和毛勇（Yong Mao）在科学杂志《自然》上发表了一篇相关文章，他们在文章中介绍了85种系领带的方法，两人还为纽结理论创造了独有的形式。这听起来似乎很复杂，但很快你就会发现事实并非如此。

我们在系领带时，首先要用宽的那一端围着窄的一端打个结，其中窄的一端保持不动。当要松开或解下身上的领带时，我们只需把窄的一端向上拉即可。要描述系领带的过程，只需观察宽的那一端的运动轨迹。

这种系领带方法是 85 种中的哪一种呢?

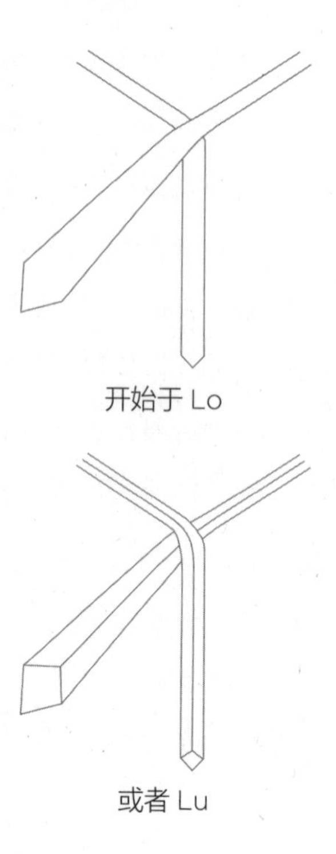

设想一下，我们站在某个人面前，要帮这个人系领带。我们需要先把领带绕过他的脖子，宽的那一端则会来到我们的右手边。

接下来，也就是系领带的第一步：将领带右侧的活动端放到左侧，使其越过左侧竖直向下那一端的上方，如此一来，左右两端领带就交叉了，我们把这个步骤叫作 L。这里有两种不同的系法（参见右图）：一种是我们把活动端放在固定端的上方，这一步骤叫作 Lo（o 代表上方）；另一种是把活动端放在固定端的下方，我们把这个步骤叫作 Lu（u 代表下方）。所以，系领带的第一步要么是 Lo，要么是 Lu。

要注意的一点是，在这两种方式中领带绕脖子的方向是不同的。在使用第二种方法 Lu 时，领带的背面朝上，也就是有缝线的那一面朝外。但在使用方法 Lo 时，我们是看不见领带上的缝线的。

接下来，要怎么系呢？在第一步完成之后，我们会发现领带固定端把胸部分成了三个区域：活结以上的部分、活结以下固定端的左侧部分以及活结以下固定端的右侧部分。较宽的活动端在完成每个步骤后会停留在三个区域的其中一个，然后在下一个步骤中又会被拉到其他两个区域内。

这里一共有六个基本的步骤（参见下页图）。除了 Lo、Lu 之外，还有 Ro（右上方）和 Ru（右下方），即向右折叠的动作会把活动端拉到固定端的右侧。其余两种是直接把领带拉到上方，然后领带的活动端则会在下巴或脖子的位置。根据活动端是从前方绕过活结还是由后下方绕到上方，我们把这两个步骤叫作 Zo（从中间向上）和 Zu（从中间向下）。

当然，我们无法随意地把这六个可能的步骤 Lo、Lu、Ro、Ru、Zo、Zu 相互结合：一方面，领带向上拉的步骤后面紧跟着向下拉的步骤，向下之后，接着是向上运动。因为当我们把领带的活动端从衬衫外侧绕过活结的时候，下一步一定是将其从衬衫里侧的活结的下方拉出来；另一方面，我们不能连续两次把活动端拉到同一个区域内，因此 Lo 和 Lu、Ro 和 Ru 或 Zo

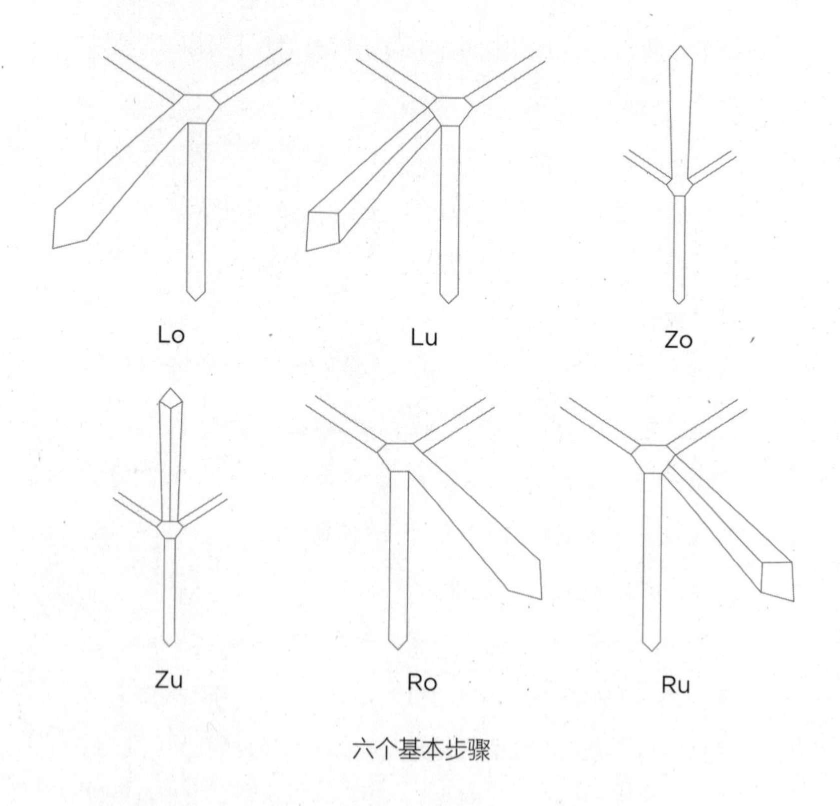

六个基本步骤

和 Zu 的情况是不可能出现的。

接下来的步骤对所有领带结类型来说都是相同的。活动端要绕着固定端一整圈，从而形成一个环，然后把活动端翻到领带结下面，之后再从领口的位置翻出来（Zu）。翻出来之后，我们再把活动端向下穿过之前领带结上方形成的那个环，我们把这最后一步叫作 T。

把各步骤很好地结合起来

因为最后一步是 Zu（向下方），过程中总是上（o）下（u）交替进行，所以在此之前的两个步骤有两种可能的系法：Ru、Lo 或 Lu、Ro。通过这两个步骤，我们可以得到一个交叉的环，最后一步则是把活动端穿过这个环向下拉。由此可以看出，系领带的最后几个步骤总是 Ru、Lo、Zu、T 或者 Lu、Ro、Zu、T（参见右图）。

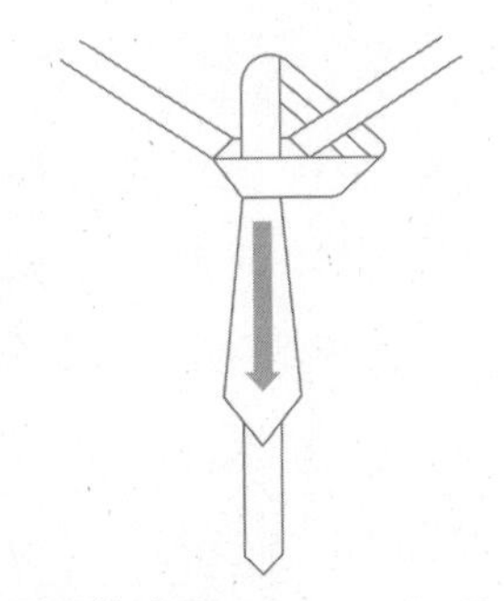

最后的步骤：Ru Lo Zu T（oben）

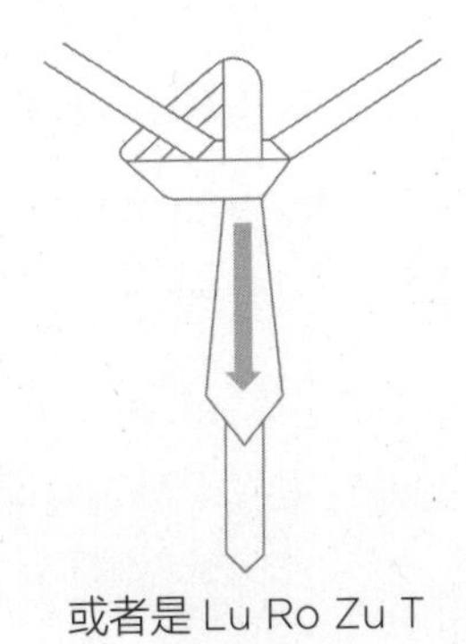

或者是 Lu Ro Zu T（unten）

关于系领带的方法，我们可以总结如下：系领带的步骤是 Lo、Lu、Ro、Ru、Zo 和 Zu 的任意顺序，不过必须从 Lo 或 Lu 开始，并以 Ru、Lo、Zu、T 或 Lu、Ro、Zu、T 结尾。其中，要注意的是：

1. u 和 o 必须交替进行。
2. 活动端不能连续两次穿过三个区域中的同一区域。

简单方便的四手结

我们先来看一种最著名的领带系法——四手结。从现在起，我们省去所有领带系法的最后一个步骤 T，因此四手结只包括四个步骤，用上文中规定的符号可以表示为 Lo、Ru、Lo、Zu。

四手结是生活中最常用的打结方法。这种结比较窄，呈三角形。因此，许多人只会这一种领带系法。

如果我们想要一个宽松点的领带结，需要加入更多的基本步骤，比如重复最后的步骤 Zu，或者之前的步骤 Ru、Lo，如下：

Lo Ru Lo Ru Lo Zu

Lo Ru Lo Ru Lo Ru Lo Zu

我们还可以加入两个向上拉的步骤，不过要记得交换向上拉和向下拉的步骤，确保活动端总是上下交替运动的。例如：

Lo Ru Lo Ru Lo Zu

Lo Ru Zo Lu Zo Ru Lo Zu

或者是

Lo Ru Lo Ru Lo Ru Lo Zu

Lo Ru Zo Lu Ro Zu Lo Ru Lo Zu

步骤越多，系出来的领带结就越厚，占用的领带也越长，领带的活动端的长度也就越短。但领带不是无限长的，通常是 1.3 米或 1.45 米长，所以我们必须控制好所需的步骤。托马斯 · 芬克和毛勇在他们的 9 个基本步骤的领带结理论中提出了这一限制，而我们上面标记的步骤 Lo Ru Zo Lu Ro Zu Lo Ru Lo Zu 就超出了此限制，它用了 10 个基本步骤。

系领带的界限

在最大为 9 个基本步骤的限制条件下，目前存在 85 种领带系法。其中，最简单的领带结只需要 3 个步骤，即所谓的东方结。前面说到的四手结则需要 4 个步骤，下列表格给出了不同基本步骤组合下可能产生的领带结种类数：

基本步骤	3	4	5	6	7	8	9
领带结种类	1	1	3	5	11	21	43

Quelle: Fink/Mao

尽管从数学上的排列组合角度来说，领带结的有些种类是可能存在的，但那样系出来的领带结不一定美观。一个重要的衡量标准就是活动端穿过中间区域的次数。次数越多，领带结越宽。因此，将许多个 L-（向左）和 R-（向右）的步骤只从中间穿过一次，不一定是好的选择，对称性也是至关重要的。活动端向左运动（L-）和向右运动（R-）的次数应该尽可能一样多。芬克和毛勇把这个原则叫作均衡性原则，意思就是活动端的左右运动轨迹要尽量和谐一致。

尽管大多数领带结都不符合人们的审美标准，但我还是想让你了解一下这 85 种方法。它们分别被编了号，从 1 到 85，并按照基本步骤的数量 B 和穿过中心的次数归了类。除了步骤的序列之外，你在表格中还能看到相关的说明。

名字：如果是常用的领带结，则会标出它的名称，比如普拉特结或温莎结。

对称型（S）：领带的活动端左右运动次数的差。若对称值是1，则表示某个方向的运动比另一个方向的运动多一次。

平衡性（A）：活动端由顺时针方向到逆时针方向变换的次数。一般情况下，变换次数越少，领带结越美观。

领带结状态（K）：如果把领带结的活动端从上面翻出来，领带结会自动散开吗？四手结是这样的，但不是所有的领带结都可以自动散开。

编号	步骤	中心次数	序列	S	A	K	名字
1	3	1	Lu Ro Zu T	0	0	否	东方结
2	4	1	Lo Ru Lo Zu T	1	1	是	四手结
3	5	1	Lu Ro Lu Ro Zu T	0	2	否	开尔文结
4	5	2	Lu Zo Ru Lo Zu T	1	0	是	妮基结
5	5	2	Lu Zo Lu Ro Zu T	1	1	否	普拉特结
6	6	1	Lo Ru Lo Ru Lo Zu T	1	3	是	维多利亚结
7	6	2	Lo Ru Zo Lu Ro Zu T	0	0	否	半温莎结
8	6	2	Lo Ru Zo Ru Lo Zu T	0	1	是	

续表

编号	步骤	中心次数	序列	S	A	K	名字
9	6	2	Lo Zu Ro Lu Ro Zu T	0	1	否	
10	6	2	Lo Zu Lo Ru Lo Zu T	2	2	是	
11	6	1	Lu Ro Lu Ro Lu Ro Zu T	0	4	否	
12	7	2	Lu Ro Lu Zo Ru Lo Zu T	1	1	是	安德烈结
13	7	2	Lu Ro Zu Lo Ru Lo Zu T	1	1	是	
⋮							
18	7	3	Lu Zo Ru Zo Lu Ro Zu T	0	1	否	普拉茨堡结
19	7	3	Lu Zo Ru Zo Ru Lo Zu T	0	2	是	
20	7	3	Lu Zo Lu Zo Ru Lo Zu T	2	2	是	
21	7	3	Lu Zo Lu Zo Lu Ro Zu T	2	3	否	
22	8	1	Lo Ru Lo Ru Lo Ru Lo Zu T	1	5	是	
23	8	2	Lo Ru Lo Zu Ro Lu Ro Zu T	0	2	否	卡文迪仕结
24	8	2	Lo Ru Lo Ru Zo Lu Ro Zu T	0	2	否	
⋮							
31	8	3	Lo Zu Ro Lu Zo Ru Lo Zu T	1	0	是	温莎结
32	8	3	Lo Zu Lo Ru Zo Lu Ro Zu T	1	1	否	
⋮							
42	8	3	Lo Zu Lo Zu Lo Ru Lo Zu T	3	4	是	
43	9	1	Lu Ro Lu Ro Lu Ro Lu Ro Zu T	0	6	否	
44	9	2	Lu Ro Lu Ro Zu Lo Ru Lo Zu T	1	3	是	格兰切斯特结
⋮							
53	9	2	Lu Zo Lu Ro Lu Ro Lu Ro Zu T	1	5	否	
54	9	3	Lu Ro Zu Lo Ru Zo Lu Ro Zu T	0	0	否	汉诺威结
55	9	3	Lu Ro Zu Ro Lu Zo Ru Lo Zu T	0	1	是	
56	9	3	Lu Ro Zu Lo Ru Zo Ru Lo Zu T	0	1	是	
⋮							
77	9	3	Lu Zo Lu Zo Lu Ro Lu Ro Zu T	2	5	否	

续表

编号	步骤	中心次数	序列	S	A	K	名字
78	9	4	Lu Zo Ru Zo Lu Zo Ru Lo Zu T	1	2	是	巴尔蒂斯结
79	9	4	Lu Zo Lu Zo Ru Zo Lu Ro Zu T	1	3	否	
⋮							
85	9	4	Lu Zo Lu Zo Lu Zo Lu Ro Zu T	3	5	否	

Quelle: Fink/Mao

仔细观察这 85 种领带结，你会发现其中只有很小一部分在现实生活中会比较美观。例如，使用了 7 个步骤以上的领带结，并且活动端只从中间（Z）穿过一次，它一定不美观。在对称性（S）中，向左（L）和向右（R）运动之间的次数差的绝对值为 0 或 1 时，这种领带结是可以接受的。

芬克和毛勇最终找到了 13 种符合美学标准的领带系法，它们完全遵循主观的选择，不是随机的。因为至少所有行家都能系出这些领带结：

编号	序列	名字	能否自动散开
1	Lu Ro Zu T	东方结	否
2	Lo Ru Lo Zu T	四手结	是
3	Lu Ro Lu Ro Zu T	开尔文结	否
4	Lu Zo Ru Lo Zu T	妮基结	是
6	Lo Ru Lo Ru Lo Zu T	维多利亚结	是
7	Lo Ru Zo Lu Ro Zu T	半温莎结	否
12	Lu Ro Lu Zo Ru Lo Zu T	安德烈结	是
18	Lu Zo Ru Zo Lu Ro Zu T	普拉茨堡结	否
23	Lo Ru Lo Zu Ro Lu Ro Zu T	卡文迪什结	否
31	Lo Zu Ro Lu Zo Ru Lo Zu T	温莎结	是
44	Lu Ro Lu Ro Zu Lo Ru Lo Zu T	格兰切斯特结	是
54	Lu Ro Zu Lo Ru Zo Lu Ro Zu T	汉诺威结	否
78	Lu Zo Ru Zo Lu Zo Ru Lo Zu T	巴尔蒂斯结	是

Quelle: Fink/Mao

下列四幅图展示了四种不同的领带结，括号中是所需的步骤数。

四手结（4）

妮基结（5）

温莎结（8）

巴尔蒂斯结（9）

你如果感兴趣的话，可以自己尝试一下这 13 种领带系法。或许你会找到一种比以往更喜欢的领带系法。

学习了本章的内容之后，你或许已经了解数学是如何帮助我们用数字“解开”纽结的。今后，你或许还能掌握一种系鞋带或打领带的新方法。

习题

习题 16*

有一个小丑，他有黄、橙、绿、蓝和紫这几种颜色的鞋带和领带。他想要系两根颜色不同的鞋带，同时搭配一条与鞋带颜色不同的领带，请问一共有多少种不同的组合方式呢？（左右两根鞋带互换也算一种组合方式）

习题 17*

a 和 b 都是有理数，且 a 和 b 都大于 2。请证明，$ab>a+b$ 成立。

习题 18**

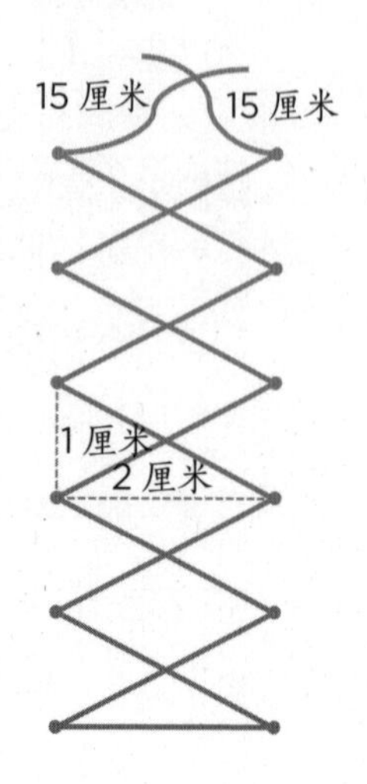

如右图所示，假如你有一双鞋，两只鞋都有六对鞋孔，同侧的两个相邻的鞋孔之间的距离是 1 厘米，左右两侧的鞋孔之间的距离是 2 厘米，而你想将鞋带系成传统的交叉绑法。如果要求最后从顶端鞋孔穿出的鞋带距离鞋带的两端分别是 15 厘

米，那么鞋带的总长是多少？

习题 19***

三对鞋孔，有 42 种系鞋带的方法，下图展示了其中的 16 种，请你对下图中的这 16 种情况通过镜像或旋转的方式找出其余的 26 种方法。

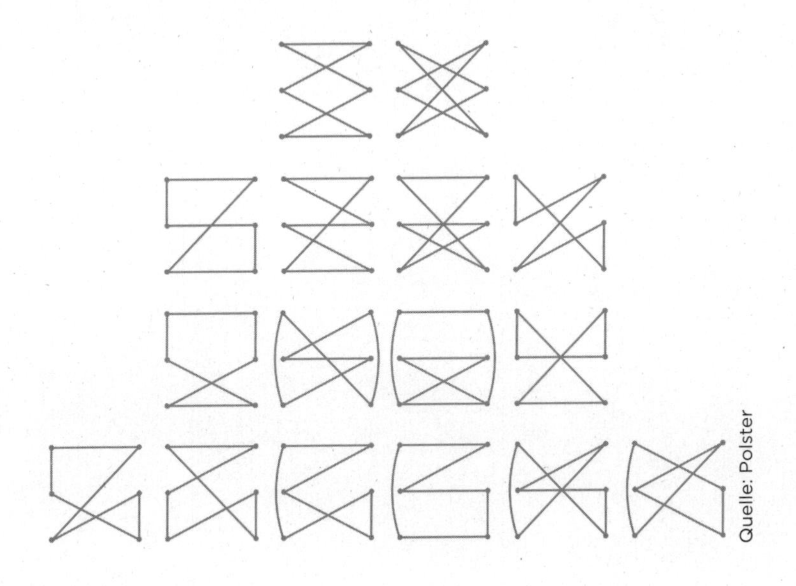

习题 20***

请问，有没有这样一个多边形，它的对角线的个数是内角数量的三倍？

五、记得快：这样才能牢记数字

储蓄卡的密码、奶奶的电话、姐妹的生日……我们的脑子里每天掠过各种数字。我们并不需要死记硬背所有的数字，因为如果有正确的方法，记数字就不再是一个难题。

2014年还没到12月，我就已经在害怕了。因为那时候银行会给我寄一张新的储蓄卡，可能还附带着新的密码。关于上一次换卡的情景，我还历历在目。当时我站在收银台旁，没多想就直接输入了旧卡的密码，直到付款失败，我才想起来这是几天前刚换的新卡。但是我想不起来新的密码了，所以我不得不向收银员说我无法支付成功。真是太尴尬了，这一切只因为四个我记不住的数字。

好在这次“新卡事件”之后的好多年里，我没有再发生这类倒霉事，但是旧密码仍然会时不时地从我的脑海中浮现。此外，由于现在一些银行允许客户自由设置密码，所以如果谁选择了1234或他自己的出生年份做密码，那么当小偷偷走他的银行卡并在自动提款机上将账户洗劫一空时，我们就不必感到惊讶了。因此，我们在设置密码时一定要谨慎小心。

类似的还有记电话号码的问题。我至今也记不住自己的固定电话的号码，尽管我已经用了它快三年。这自然是手机的错，因为手机能方便地储存所有的号码。如果让我必须记住所有朋友和熟人的号码，我可能会选择不打电话。

但是，有些人却可以轻松地记住数百个甚至数千个数字，梅克·杜赫（Meike Duch）就是其中之一。她是2005年我在汉堡认识的一位记忆训练师。那时，她主要参与瑜伽、杂耍、骑独轮车，还有记忆杂技等表演。

2004年9月，杜赫用了不到七个小时的时间就记住了数千个数字——圆周率小数点后面的5 555个数。当时允许使用的辅助工具只有纸和笔，所以她必须凭记忆写出这些数。

为了让你了解杜赫所做的事，我在下面列出了圆周率小数点后面的前500位数：

3.1415926535 8979323846 2643383279 5028841971 6939937510
5820974944 5923078164 0628620899 8628034825 3421170679
8214808651 3282306647 0938446095 5058223172 5359408128
4811174502 8410270193 8521105559 6446229489 5493038196
4428810975 6659334461 2847564823 3786783165 2712019091
4564856692 3460348610 4543266482 1339360726 0249141273
7245870066 0631558817 4881520920 9628292540 9171536436
7892590360 0113305305 4882046652 1384146951 9415116094
3305727036 5759591953 0921861173 8193261179 3105118548
0744623799 6274956735 1885752724 8912279381 8301194912

杜赫所记忆的数字长龙是上面的11倍。5 555位数是当时德国的最佳成绩，杜赫还是女性世界纪录的创造者。杜赫的爱好可能会让人觉得奇怪，但她并不是世界上唯一一个致力于记忆数字的人。截至 2014 年，在背诵圆周率的记忆者的世界排行榜上，第一名是中国的吕超，他能够无差错地背诵圆周率至小数点后 67 890 位数。

当然，杜赫和吕超都使用了特殊技巧来记忆如此长的数列。在本章中，我们将会讨论这些记忆技巧。

我想先从上面提到的个人密码和电话号码开始说明。我们该如何记住这些数？首先，我会寻找较为明显的方式。

数列：作为密码很受欢迎，但不建议使用 1234 组合。当然数列也可以递减，比如 8675。或者后一个数比前一个数大 2，比如 1357。你可以有针对性地寻找这样的数列！

迭代：某一个数组在数字中多次出现。以电话号码 48539485 为例，我们可以按照如下方式记忆：485 39 485，这样就更容易记住。

镜像数字：34 的镜像数字为 43。谁仔细观察，谁就能不断发现这些镜像数字。比如 45875433，数列以 45 开始，然后是 87，接着是 45 的镜像数字——54，然后是 33。

序列：一个数列中出现两个连续的数，比如 37756378，我们可以将其写成 377 56 378，当然这只适用于两位和三位数的序列。

特殊数字：数字对我们来说并非无关紧要的东西。每个人都有可以引起自己关注的数列，因为人们常把这些数列与一些特殊的事物联系起来，比如像 1945 或 1989 这样表明年份的数字，以及一个崇拜的足球运动员的球衣号码。其中，素数也属于特殊的数字范畴。人们通常会比较熟悉 31 座或 101 座灯塔，这些数在一个数列中会显得比较突出。此外，平方数和立方数也可以帮助记忆，比如 144 对应 12^2，125 对应 5^3，729 对应 9^3。

或许，还需要简单地解释一下如何记住圆周率小数点后的前十位数：

3.1415926535…

数列以 14、15 的序列开始，之后是另一个序列 9…6…3…现在我们只需要加上数字 2…5…5…所以，我们可以先记 1415，963，然后是 255。当然，还有很多方法可以将圆周率小数点后的前十位数分解成更容易记的序列，这里只是我的一个建议。

不过，这种方法的缺点是：虽然它适用于多个数，但并不适用于所有数字。

助忆口诀

一个重要的认识可以让我们明白如何记忆个人密码和电话号码，要知道，记住这些随机数列是非常难的。因此，我们需要一个提示，比如：一旦发现数列中的规律，就会发现记忆变得容易了。后来我甚至都注意不到实际的数字了，因为模板或计算规则已经为我提供了结果。

但我并不依赖某种计算规则，而是一个事实，即人类可以运用联想和图片进行思考。我们经历了很多情绪化的时刻，它们会直接烙印在我们的记忆中，比如某些气味、声响、颜色及小细节，在之后的几年里我们依然记得这一切。与此相反，我们很可能在第二天早晨就忘记了明明很重要的四位数密码。

有一种巧妙的方式可以帮助我们提高记忆，即所谓的记忆术。其中包括前面说到的模式——各种助忆法。你一定知道一句行星顺口溜：每逢星期天我的父亲都会向我讲解九颗行星（Mein Vater erklärt mir jeden Sonntag unsere neun Planeten）。这句话中的每个单词的首字母分别代表水星（Merkur）、金星（Venus）、地球（Erde）、火星（Mars）、木星（Jupiter）、土星（Saturn）、天王星（Uranus）、海王星（Neptun）和冥王星（Pluto）。这些单词的顺序与行星在太阳系中的排列顺序完全一致：水星最接近太阳，冥王星距离太阳最远。

不过，自2006年以来，这句话就不正确了。因为天文学家将冥王星降级为矮行星，天文学家发现冥王星附近存在一些和它体积差不多大的天体。好在维基百科的互动词条里已经更新了这个顺口溜：每逢星期天我的父亲都会向我讲解我们的夜空（Mein Vater erklärt mir jeden Sonntag unseren Nachthimmel）。

这些顺口溜也同样适用于数字组合。例如，密码2348，我需要用以 z、v、d、a 四个字母为首的四个单词组成一句话。我想了一会儿，得出一句口诀：斑马不再恐惧（Zebras verlieren die Angst）。此外，我还想象了一下动物电影中的壮观景象：广袤的大草原上，几只狮子在攻击一群斑马，斑马立刻四散逃跑，但之后它们又回来了，肆意地踩踏着这几只狮子。

对于数字 237 943，我们则需要用以 z、d、s、v、n、d 为首的六个单词组成一句话。我想的是：两只可爱的小睡鼠偷吃了许多甜甜圈（Zwei drollige Siebenschläfer naschen viele Donuts）。

你可能会问为什么数字 2 和 7 出现在了里面。我可以用另一个以字母 z 开头的单词替换 2（Zwei），比如弄乱（zerzauste）。另外，为了避免混淆，我有意用了 7（Sieben）。数字 6（Sechs）和 7（Sieben）都是以 s 开头，所以如果我的顺口溜中的一个单词以 s 开头，比如学生（Schüler），那么我就不能确定 s 到底是代表 6 还是 7。

对于单词"睡鼠"（Siebenschläfer），我就不需要思考得太久，因为它代表了 7。如果要表达 6 的话，我可以选择六瓶装（Sixpack）、六分仪（Sextant）、教派（Sekte）或两性专栏作家（Sexkolumnistin）这些单词。

图像记忆法

正如你所见，像梅克 · 杜赫这样的记忆艺术家通常不使用顺口溜。因为在这种情况下，将会产生一篇由 5 000 多个单词组成的长篇叙述，人们不能忘记任何一个单词或者记错顺序。对于此类的难题，还有其他的辅助记忆技巧。

其中的一个常见技巧是用数字关联符号。例如，将数字 0 和球联系起来，因为两者的形状相似。天鹅代表了 2，因为天鹅脖子的形状很像 2。所以如果我要记 02，就会先想一个情景或小故事，比如先是一个球，紧接着出现一只天鹅。

所谓的“数字形式系统”非常适合初学者。在基础版本中，它由十个在某种程度上与它们所代表的数字的相似符号组成，或者是符号与数字自行关联，比如骰子和 6，因为骰子有 6 个面。

事实上，数字形式系统的理想运用并不是去记忆数字，而是记住概念清单。该系统非常适用于那些自由交流的讲座，比如你可以依照一定的顺序提及八个或十个要点。

尽管数字形式系统的主要功能不是用来记忆数字的，但我还是想介绍一下它，因为它将引导我们了解圆周率记忆者使用的主要系统。让我们先从符号开始，大多数数字都有好几种符号可以代表，但具体选择哪一种还需要由你决定。当你做出选择后，要坚持自己的决定，这样你以后就不会感到困惑了。

数字	符号	替代物
0	球	球、袋、橙子、鸡蛋
1	蜡烛	棒球棒、柱子、铅笔、钢笔、手杖、树
2	天鹅	水管

续表

数字	符号	替代物
3	三叉戟	手铐、屁股、双下巴
4	椅子	帆船、三叶草
5	手	钩子
6	骰子	大象（象鼻、四条腿、尾巴）、高尔夫球杆（从下握）、樱桃、哨子
7	矮人（七个小矮人）	旗子、礁石、钓鱼竿、飞镖、镰刀
8	雪人	沙漏、“8”字形咸面包圈、眼镜、过山车、蜘蛛（八条腿）
9	网球拍	蝌蚪、高尔夫球杆（从上握）、猫（九条命）、保龄球（一共九个）

数字形式系统是如何发挥作用的呢？假设你要记的是密码2438，那我们刚刚使用的“斑马不再恐惧”（Zebras verlieren die Angst）这句话就可以做到。现在让我们想象一下，有一只天鹅（数字2）坐在椅子（数字4）上，看着雪人（数字8）手中握着的三叉戟（数字3）。为了确保记忆的准确性，你不仅要记住这个情境，还要注意符号的顺序。

凭借数字形式系统，你还可以轻松地记住预先排好序的任意单词，这正是该系统的发展目标。但是只有当你完全掌握左侧表格中的符号时，你才能记住列表中的内容。以下是我们根据预先顺序，需要记住的五个单词：

1. 自行车
2. 足球

3. 教堂

4. 晚餐

5. 面包

现在，你需要将这些词转换成一幅生动、壮观的画面，其中存在数字各自的符号，比如 1 是蜡烛。你想得越多，场景就越荒谬，也就越容易记住它们。以下是我的想象。

自行车和蜡烛：想象一下，自行车上燃烧着几十根蜡烛，想象中的香薰蜡烛散发着香草的味道。

足球和天鹅：如果 11 只白天鹅和 11 只黑天鹅进行足球比赛，会怎么样呢？

教堂和三叉戟：这是一个大胆的想象。魔鬼在一座拥挤的教堂里横冲直撞……

晚餐和椅子：想象一下，超大的椅子放置在湖的浅水区。你坐在其中的一张椅子上，一边欣赏壮丽的景色，一边享用红葡萄酒和香喷喷的烤肉。

面包和手：你来到一家面包店，看着面包架。突然，有几十只手在面包之间移动，抚摩着这些面包，然后将它们撕碎，扔到地上。

不要为你的想象设置障碍。在这里，一切都被允许，包括危险的情况，以及超现实主义的环境。你必须在几秒钟内将这五种情况都转化成画面场景，然后在脑海里记住这些画面。因此，要回忆单词时，一说起蜡烛便会想到 1，然后是自行车的画面，紧接着是天鹅（足球场）、三叉戟（教堂里的魔鬼），等等。

你可以尝试一下，这种方法对我来说很有用。一天之后，通过这些图像，我仍能毫不费力地记起这五个词。

基本法

任何想要记住事物的人都需要丰富的想象力。对于数字来说更是如此，人们通常使用所谓的“基本法”来记数字，它采用了数字形式系统之类的符号。但在选择符号时，我们并不是根据符号与要排序的数字的视觉相似性而定，而是根据声音大小的关联性。

凭借基本法，我们可以将数字转换为词句或者把词句转换为数字。每个数字都代表了德语中一些单个的辅音，在某些情况下还与 sch、ch 和 j 这样的擦音联系在一起：

数字	音素	记忆辅助
0	s、z、ß、ss、c	英语 zero（0）
1	t、d、th	t 与 1 类似
2	n	n 有两条腿
3	m	m 有三条腿
4	r	Vier（4）最后的字母是 r

续表

数字	音素	记忆辅助
5	l	罗马数字 L=50，L 像手掌竖起了大拇指 =5 根手指
6	ch、j、sch、g（发软音的）	Sechs（6）包含 6 的谐音 sch，j（英语发音），g（英语发音）
7	k、ck、g（硬音的）、c（硬音的）	Glückszahl（幸运数字）包含 g 和 ck，k 由两个 7 组成
8	f、v、w、ph	V8 发动机
9	p、b	9 像 p 的镜像或者旋转过来的 b

将数字 0 转换为单词需要满足以下条件：只包含一个辅音 s，没有其他辅音或音素。Oase（绿洲）、See（湖）或 Sau（母猪）都满足这些要求。如果是 1 的话，我们可以用 Tee（茶）或 Tau（露水）这样的单词代表。

如果我想记数字 10，则会使用德语单词 Tasse（杯子），该词的首字母 T 代表 1，两个 s 代表 0。如果是数字 40 的话，我会用 Rose（玫瑰）、Reis（米饭）或 Russe（俄罗斯人）。如果是 97 的话，我会联想到 Puck（冰球）或 Backe（脸颊）。

如果我们要记数字 104 097，将会用到三个单词 Tasse（杯子）、Rose（玫瑰）和 Puck（冰球）。但我们不能只记这三个单词，因为这样做并没有比直接记忆数字更有效果。我们得想象一个情景或故事，这样三个单词才能一个接一个地出现。例如 104 097，想象如下：

我们面前有一个古老而华丽的杯子（Tasse），杯子上绘了一朵红玫瑰（Rose）。我们在滑冰场上，突然一个冰球（Puck）飞了过来，把杯子砸碎了。观众席上一片哗然，因为即便是低劣的瓷器碎片也十分宝贵。

无论你编造怎样的故事，都要创造生动的场景，并且这些场景能给你留下深刻的印象。你在脑海里回忆起某种气味、声音和感受，那可以帮助你更好地记住虚构的场景。

当然，为了能够很好地使用基本法，你需要掌握数字和声音之间的关联。不幸的是，它是一个从 0~99 之间的所有数字的矩阵，如第 123~124 页的表格所示：

表格中是关于如何在基本法中编码两位数的建议。几乎每个记忆艺术家都会使用数字的对应表达，不过各个数字的显示方式有所不同。例如，可以保持 Tasse（杯子）-Rose（玫瑰）-Puck（冰球）不变，也可以用 Dose（罐头）-Russe（俄罗斯人）-Backe（脸颊）替代。重要的是，你脑海中有了固定的关联网。

现在继续讲圆周率记忆者梅克 · 杜赫。同样，她也使用了一种基本法，那与我们在文中谈及的不同，不过原理是一样的，即构成故事的各个单词都代表着某个数。

为了不使众多符号的顺序混乱，她将两位数的图像想象成穿越汉堡的长途旅行（包括参观博物馆）。

当杜赫开始漫步虚构故事时，她看到宙斯在角落的邮箱上正与巨人搏斗。海豚在门前窜来跳去，斑马线上铺满了美味的松饼。

数字	0v	1	2	3	4	5	6	7	8	9
只有数字	动物园（Zoo）	茶（Tee）	鸡（Huhn）	祖母（Oma）	耳朵（Ohr）	大街（Allee）	灰尘（Asche）	牛（Kuh）	飞碟（Ufo）	蟒蛇（Boa）
0+ 数字	救命（SOS）	光盘（CD）	牙齿（Zahn）	相扑（Sumo）	佐罗（Zorro）	大厅（Saal）	疫情（Seuche）	袜子（Socke）	肥皂（Seife）	打火机（Zippo）
1+ 数字	杯子（Tasse）	死亡（Tod）	冷杉（Tanne）	水坝（Damm）	大门（Tor）	旅馆（Hotel）	口袋（Tasche）	柜台（Theke）	洗礼（Taufe）	鸽子（Taube）
2+ 数字	鼻子（Nase）	手（Hand）	修女（Nonne）	尼莫（Nemo）	尼禄（Nero）	尼罗河（Nil）	壁龛（Nische）	狭窄（Enge）	妮维雅（Nivea）	重建（Neubau）
3+ 数字	苔藓（Moos）	垫子（Matte）	罂粟（Mohn）	木乃伊（Mumie）	海（Meer）	磨坊（Mühle）	网眼（Msche）	电脑（Mac）	黑手党（Mafia）	变形虫（Amöbe）
4+ 数字	玫瑰（Rose）	收音机（Radio）	废墟（Ruine）	朗姆酒（Rum）	管道（Rohr）	角色（Rolle）	烟（Rauch）	岩石（Rock）	礁（Riff）	乌鸦（Rabe）
5+ 数字	套索（Lasso）	乐透（Lotto）	皮带（Leine）	胶水（Leim）	七弦琴（Leier）	棒棒糖（Lolli）	尸体（Leiche）	乐高玩具（Lego）	岩浆（Lava）	叶子（Laub）

续表

数字	0v	1	2	3	4	5	6	7	8	9
6+ 数字	射击（Schuss）	苏格兰人（Schotte）	谷仓（Scheune）	泡沫（Schaum）	剪刀（Schere）	围巾（Schal）	酋长（Scheich）	夹克（Jacke）	羊（Schaf）	芯片（Chip）
7+ 数字	奶酪（Käse）	黏合剂（Kitt）	电影院（Kino）	橡胶（Gummi）	合唱（Chor）	棍棒（Keule）	厨师（Koch）	小提琴（Geige）	咖啡（Kaffee）	便帽（Kappe）
8+ 数字	桶（Fass）	精力充沛的（Fit）	电吹风（Föhn）	世界杯（WM）	火（Feuer）	陷阱（Falle）	鱼（Fisch）	天平（Waage）	武器（Waffe）	跷跷板（Wippe）
9+ 数字	公共汽车（Bus）	床（Bett）	豆（Bohne）	树（Baum）	熊（Bär）	池（Pool）	溪（Bach）	冰球（Puck）	孔雀（Pfau）	宝宝（Baby）

杜赫跑过阿尔斯特多夫区，步行到汉堡 - 富尔斯比特尔机场，然后驱车前往海港，漫步在阿尔斯特——她在角落里看到了一些别人看不见的东西。在她看来，所有画面都可以组合成圆周率小数点后的前 5 555 位数，圆周率对她来说已经成为汉堡的一部分。

杜赫告诉我 :“想象的场景越疯狂，就越容易记住。”所以人们不应该有任何顾忌，特别是成年人，他们会迅速审查所幻想的内容，然后用安全常见的事物去取代它们，孩子们则会更直接且更大胆。

一旦人们掌握了基本法里的 100 个符号，符号就会更快地被分配到城市的景观中去。“人们每天可以创造出 500~1 000 个数的符号。”杜赫说。不过，准确度为 99%。要想达到 100%，人们必须反复观察。根据她的说法，即使是记忆训练师，也需要用两周的时间才能准确无误地掌握 5 555 个数。

位置记忆法

穿过街道或大型建筑物里的房间实际上是另一种记忆法，即所谓的“位置记忆法”，我会在本章的最后为你简单介绍这个方法。位置记忆法不仅用于记忆数字，它还有其他更大的作用。有了它，你就可以记住名称、流程和事物。如果你将它发挥到极致，甚至能记住整本书的内容。

这一方法大约追溯至希腊诗人西蒙尼德斯 · 冯 · 科斯。

来自罗马的思想家、哲学家西塞罗在他的著作《演说家》（*Deorator*）中描述了西蒙尼德斯是如何展示位置记忆法的准确性的。

西蒙尼德斯作为一场盛宴的嘉宾，被委托朗诵一首赞扬神灵的诗歌。但是宴会的主人斯克帕斯只想向他支付事先约定的一半酬劳，表示西蒙尼德斯可以从希腊神话中的双胞胎卡斯托尔和波吕杜克斯那里获得另一半酬劳。不久之后，西蒙尼德斯得知门外有两位神灵正在等他。

于是诗人走出了宴会厅，但他在外面没有看到任何人。在他离开之后，宴会厅的屋顶塌了，里面的人全部遇难，包括斯克帕斯在内的所有人都死了。由于尸体毁坏严重，人们无法辨认清楚。这时西蒙尼德斯提供了帮助，因为他清楚地记得每个人事发前所坐的位置。

位置记忆法准确地使用了我们的空间记忆，它的原理如下：想象出一个房间、一条路或一座巨大的建筑，它可以是真实的也可以是虚构的。你要记的每个单词在那儿都有一个属于自己的位置。当你搜索某个单词时，你将会在脑海中找到它所在的区域，然后快速找到它。

坚持不懈地运用它，位置记忆法可以帮助你保存记忆数十年。在生命的进程中，建筑物可能会越来越大或者路会越来越长。所以为了记住内容，你需要反复遨游你的思想世界。此外，你还需要及时地更新记忆的内容。

西塞罗是位置记忆法的狂热支持者。在书籍匮乏的时代，古代学者需要记忆很多东西，只有通过聪明的记忆方法才有可能实现。记忆数字的基本法很晚才发展起来，它的创始人是法国数学家皮埃尔·赫里戈内（Pierre Hérigone，1580—1643年）和斯坦尼斯劳斯·明克·冯·温斯海姆（Stanislaus Mink von Wennsheim，1620—1699年）。

研究记忆法让我明白了一点，即我们低估了大脑的能力，其实我们根本不了解它。虽然我现在记不住圆周率小数点后的几千位数，但至少知道了我该如何更好地记忆密码和电话号码。

习题

习题 21*

一个坏蛋偷了一个钱包，钱包里有一张银行卡和一张钱包主人的名片，上面写了一行字“Der Vater Siebt Dukaten”（上帝筛选杜卡特）。根据这句话，小偷成功地取出了卡里的钱，他是怎么想出密码的呢?

习题 22**

你问道：“您的电话号码是多少？”

记忆艺术家回答道：“Ein Bett steht lichterloh brennend auf dem Damm. Das Feuer ist geformt wie eine Rose.”（一张床在堤坝上熊熊燃烧，火的形状像一朵玫瑰。）所以你知道他的电话号码是多少吗?

习题 23**

请你找出所有满足等式 $2a + 3b = 27$ 的自然数对（a，b）。

习题 24**

为什么平方数的个位数永远不会是 7？

习题 25***

请你证明：三角形周长的一半始终大于它三边中的任何一边。

六、献给计算专家：特拉亨伯格速算系统

一旦真正深入数字世界，几乎人人都会惊叹不已，甚至无法自拔。人们再一次发现了可以使计算变得容易的捷径。苏联人雅科夫·特拉亨伯格将这些技巧结合起来，创造出一种无比奇妙的速算方法。

雅科夫·特拉亨伯格并不比其他天才幸运，他的名气在去世后才显露出来。1953 年他去世时，他所开发的特拉亨伯格速算法几乎无人知晓。在去世前不久，他刚在苏黎世创办了一所数学学院，儿童和成年人在那里都可以学习他的速算方法。

直到 1960 年，两位美国记者出版了一本关于他的书，特拉亨伯格速算法这才为人所知。这本书后来成了畅销书，教育专家们大受鼓舞。“教师们都该读读这本书。”英国期刊《教师世界》(*Teacher's World*) 评价道。这一新方法在未来将彻底改变数学课程。《生活》(*Life*) 对“神奇的数学技巧”赞不绝口,《明镜》(*Der Spiegel*) 将特拉亨伯格比喻成一位神奇的“魔术师”。

特拉亨伯格的速算法是如何运算的？在如今的这个 Excel 和计算器盛行的时代，人们还需要它吗？我认为，特拉亨伯格速算系统的主要使用对象是算术爱好者，它将算术推向了极致，正如自动机械表的制造商将精密机械技术发挥到臻于完美一样。

通常来说，石英表的运行时间更准确，价钱也较便宜，但是人们依旧对齿轮间富有美感的默契啮合、传动大为称赞，因此愿意花一大笔钱购买机械表。看完本章后，你对特拉亨伯格速算法的看法，或许就会像激情澎湃的机械表收藏家观看飞轮发条时一样，深陷其中，无法自拔。

乍一看，特拉亨伯格速算系统的确像魔术一样。实际上，它是一系列计算技巧的汇总，正是这些技巧使得计算变得更容易。例如，你将 12 个五位数相加，但在计算过程中需要计算的最大数不能超过 19，那么你就可以使用这套速算系统将乘法转换成简单的加法。据说，这样可以将计算时间缩短 20%。

对此，我将以因数 9 为例向你解释一下这个方法。下面让我们看一道题：

5 427 × 9

根据特拉亨伯格速算法，当因数是 9 的时候，一共有三条规则。规则一仅涉及最后一位数，也就是结果的个位数。我们用 10 减去初始数的最后一位数，即可得到这个数，因此在我们的案例中是 10-7=3。我们把刚才的结果标记到初始数的最后一位数的正下方即可，如下所示：

$$\begin{array}{r}\underline{5\,427}\ \times 9\\ 3\end{array}$$

规则二则可以使用除了最前面那位数以外的其他数。在我们的案例中，即用 9 减去初始数中的某位数，然后在此结果上加上初始数中这位数右边的那个数字，比如案例中第二位数字的计算过程：9-2+7=14，因此我们在 2 的正下面写上 4，并在左上角标注 1（标记为 '），如下所示：

$$\frac{5\,427 \times 9}{'43}$$

接下来，继续往下算，9-4+2+1（之前标记的那个 1）=8 和 9-5+4=8，即

$$\frac{5\,427 \times 9}{8\,843}$$

这时，我们基本上快完成计算了。

规则三适用于计算结果最前面的那个数，即我们从初始数的第一个数中减去 1，也就是 5-1=4，如下所示：

$$\frac{5\,247 \times 9}{48\,843}$$

尽管我们在运算中从未乘以 9，但却得到了最终结果。你

看，这是一种完全不同于学校所教的计算方法。当然，你需要事先学习并让这个方法成为自己的一个计算习惯。不久之后，你就能发现它的魅力了。你可以省去计算像 7 × 9 这样麻烦的乘法运算，而且你要计算的数字始终不会大于 20。因此，这比我们想方设法去处理 63 或 54 简单多了。

上面是与 9 相乘的例子。其实，从 3 到 12 的数都有类似的计算规则。在第一章中，我们已经简单介绍了这些规则中的一部分——在因数为 11 和 12 的部分。在本章中，我将继续为你介绍特拉亨伯格速算系统中加法和乘法的速算技巧。

特拉亨伯格是如何研究出这样一套速算系统的呢？事实上，这是一个既有趣又悲伤的故事。20 岁时，他已经是圣彼得堡一家大型造船厂的总工程师，管理着数千名工人。十月革命之后，他去了柏林，在那里与一位宫廷画家的女儿爱丽丝 · 冯 · 布雷多女伯爵结了婚。特拉亨伯格作为一名俄罗斯专家被聘用，发明了一种学习外语的新方法，并成为一名和平主义者。

不久之后，他因与纳粹分子发生纠纷，逃往维也纳。不过，最终他还是落入了盖世太保的手中，在监狱和集中营里待了近五年。对他来说，算术成了他那段残酷的集中营生活中的心灵安慰。由于缺少纸张，他便在一些包装纸的碎片和用过的表格背面写下他的想法。通常情况下，他只能在大脑中进行计算，这无疑促使他不断改进计算技巧。对此，特拉亨伯格后来说："速算法其实是在盖世太保的 22 个监狱和地下室中产生的。"

他能在纳粹时代存活下来，主要归功于他的妻子，他的妻子策划了一场越狱。最终这对夫妇在 1945 年去了瑞士。

特拉亨伯格并非用他自己创造的计算方法发明了这套速算法，因为他使用的许多技巧都广为人知，其中包括交叉相乘这类可以使乘法运算变得简单的算法，这些我们在后面的章节中会提到。不过，特拉亨伯格速算系统的主要功劳在于：它将不同的计算技巧汇集到一个系统中。

加法速算

我先介绍一下他的加法计算。如果你要计算两个数的和，比如下面这个运算：

  436
+ 278

当然，这对你来说不是什么难题。你可以用在学校学的笔算方法，从个位开始算起，也就是 6+8=14，然后是十位 3+7+1（之前标记的）=11，最后是百位 4+2+1（之前标记的）=7。所以，这两个数的和是 714。

但如果不是计算两个数的和，而是六个或十个数的总和，笔算就没有那么简单了。顺便说一下，即便使用计算器，你也有可能算错，因为只要你有一次输错，结果就错了。

特拉亨伯格则提出了另一种算法，也是分别将个位数、十位数、百位数和千位数相加。不过他是从千位开始计算，也就是从左向右计算。只要中间出现一个和等于或大于 11，该部分的和就减去 11。我们用求右侧这八个数的总和作为案例：

8 345
4 990
1 258
6 034
887
3 856
1 139
2 385

我们先从千位那一列开始，逐步将七个数加在一起，如下所示：

8		
4°	8 + 4 = 12	12 大于 11，所以我们减去 11 得
	12 − 11 = 1	1，在 4 的右上角标一个圆圈
1	1 + 1 = 2	
6	6 + 2 = 8	
3°	8 + 3 = 11	减去 11，在 3 的右上角标一个
	11 − 11 = 0	圆圈
1	0 + 1 = 1	
2	1 + 2 = 3	

接下来，我们在横线下写下结果 3，并记下标记的圆圈个数。

8 345
4° 990
1 258

6 034

887

3° 856

1 139

2 385

3 总和

2 圆圈数

同样，按照这一方法，我们再计算一下百位、十位和个位上的数，如下所示：

8 3 4 5

4°9°9°0

1 2 5 8°

6 0 3 4

8° 8° 7°

3° 8 5°6

1 1 3 9°

2 3° 8° 5°

3 1 1 0 总和

2 3 4 4 圆圈数

现在，我们统计一下总和和圆圈数，即将总和和圆圈数相对应的数与圆圈数右侧的单个数相加。如果旁边没有数字，那么我们就将该数视为零，如下所示，我们从最右边开始：

```
  3 1 1 0 总和
  2 3 4 4 圆圈数
-------------
        4         0 + 4
      9           1 + 4 + 4 = 9
    8             1 + 3 + 4 = 8
  8               3 + 2 + 3 = 8
2                 0 + 2 = 2
2 8 8 9 4
```

现在，你肯定会问：这样计算会更快吗？事实上，我们需要用这种方法计算两次，才能得到最终的结果。但是我们一直都在用小数运算，这极大地促进了计算。

我并不是想改变你的计算习惯，但如果它适合你，那就不妨去试试。它一定会让你欣喜不已的，特别是当你用秒表记录用传统的笔算方法和特拉亨伯格速算法解决相同题目时。我使用特拉亨伯格速算法的计算时间是笔算的两倍多，因为我缺乏相应的训练。但如果我像用传统笔算法一样熟练地运用特拉亨伯格速算法，一定会算得更快。

你可以尝试解下面这两道题：

题 1	题 2
469	4 561
722	4 836
889	563
971	8 989
289	7 812
	5 619

它们的结果分别是 3 340 和 32 380。

与 11 相乘

现在让我们看一下乘法运算。在第一章中，你或许已经了解了特拉亨伯格速算法中与 11 相乘的规则。不过，我当时并没有提特拉亨伯格的名字。

当时的题目是 3 467×11。在这里，我们可以这样计算：在初始数的每位数下面，写出这个数和它右边数字的总和，如果该数右边没有数字，比如案例中个位数 7 的情况，我们则将其右侧的数视为 0，即第一个数为 7 时，也就是 7+0=7，如下所示：

3467 × 11

7

下面是数字 6 加上它右边的 7，得 13。所以我们在横线下写上 3，并在 3 的左上角标上 1，即标注符号“'”，如下所示：

<u>3467</u> × 11

'37

然后是 4+6+1=11，写 1，并在 1 的左上角标 1：

<u>3467</u> × 11

' 137

之后是 3+4+1=8，写 8：

<u>3467</u> × 11

8137

最后一步是万位上的数。初始数没有万位数，也就是此时万位数为零，我们可以在最初计算时就将它写下来：

<u>03467</u> × 11

8137

我们所运用的计算规则依旧没有任何变化：下面的数 = 上

面的数 + 上面的数右边的数，这样我们就得到 0+3=3，如下所示：

<u>03467</u> × 11
 38137

总结一下，计算过程如下：

步骤 1　<u>03467</u> × 11　7 + 0 = 7
　　　　　　7

步骤 2　<u>03467</u> × 11　6 + 7 = 13，写 3，标 1
　　　　　'37

步骤 3　<u>03467</u> × 11　4 + 6 + 1 = 11，写 1，标 1
　　　　　'137

步骤 4　<u>03467</u> × 11　3 + 4 + 1 = 8
　　　　　8137

步骤 5　<u>03467</u> × 11　0 + 3 = 3
　　　　38137

对比人们用传统的笔算方法计算这道题，使用上面这种计算方法求得正确答案的原因显而易见：

3467 × 11

3467

\+ 3467

38137

由于乘以 11 时，初始数 3 467 会与自身相加，但第二个数会向左移动一个位置，所以其中的每位数总是会与它右侧的数字相加。

你可以尝试用这个方法解答下面这四道题，当然你在本书中也能找到它们的答案。这种计算训练可以让你对接下来要介绍的特拉亨伯格的其他技巧有所准备。

2 438 × 11

9 356 × 11

452 895 × 11

59 353 345 × 11

如果你算得对的话，就会得到答案 26 818、102 916、4 981 845 和 652 886 795。

与 12 相乘

与 12 相乘时，除了计算规则稍有变化之外，其运算原理是一样的。我们不再像乘以 11 时那样，用一个数加上它右边的那个数，而是用该数的两倍加上其右边的那个数，比如下面这个例子：

3 467 × 12

我们依然从最右边的 7 开始，即 2×7+0（7 的右边没有数字，所以为 0）=14。所以，我们在 7 的下方写 4，标 1（用 ' 表示）。

步骤 1　03467 × 12　2 × 7 + 0 = 14

'4

步骤 2　03467 × 12　6 × 2 + 7 + 1（之前标注的）= 20

''04

步骤 3　03467 × 12　2 × 4 + 6 + 2（之前标注的）= 16

'604

步骤 4　03467 × 12　2 × 3 + 4 + 1（之前标注的）= 11

'1604

步骤 5　03467 × 12　0 × 2 + 3 + 1（之前标注的）= 4

41604

如果你想知道为什么用这种方法总是能得到正确答案，那么在本章的最后会有相应的证明，它的解决方案可以在本书的附录中找到。

另外，这里有四道题需要你解答：

2 438 × 12

9 356 × 12

452 895 × 12

59 353 345 × 12

它们对应的答案分别是：29 256、112 272、5 434 740、712 240 140。

与 6 相乘

在与 11 或 12 相乘时，我们只需用到加法。但当我们使用特拉亨伯格速算法计算乘以 5、6 或 7 的运算时，初始数的各位数则需要减半。如果数字是偶数的话，影响不会太大，比如 6 的一半是 3，8 的一半是 4。但如果数字是奇数，如 5，那么 5 的一半就不是 2.5，而是 2。与此相似，3 的一半则对应 1，1 的一半是 0！在特拉亨伯格速算法中，我们所计算的被乘数的一半与数学上常见的一半不同。它指的不是该数的准确的一半，而是取一半的整数部分。

当乘以 6 时，我们则用与乘以 11 或 12 时类似的方法进行计算。同样，我们依然将答案中的每个数写在初始数的每位数下面。唯一不同的是，我们所使用的计算规则：对于每位数来说，我们只需用它加上其右边数字的一半即可。

为了让你更容易理解，我们举一个每位数都是偶数的三位数的例子，它的计算有四步，如下所示：

624 × 6

步骤 1　0624 × 6　4 的右边没有数字，所以我们在 4
　　　　　　4　　　的下面写 4

步骤 2　0624 × 6　2 + 2（4 的一半）= 4
　　　　　44

步骤 3　0624 × 6　6 + 1（2 的一半）= 7
　　　　　744

步骤 4　0624 × 6　0 + 3（6 的一半）= 3
　　　　3744

但如果有一个数是奇数，那我们该怎么办呢？为了使计算结果正确，我们需要另加一个 5。因此，乘以 6 的完整计算是，当数字（不是右边的数字）是奇数时，除了用该数加上它右边的数字的一半之外，还得另加一个 5。这听上去让人有些混乱，但其实不难理解，比如下面这个例子：

3 467 × 6

步骤 1	0346<u>7</u> × 6 '2	7 + 0（7 的右边没有数字）+ 5（7 是奇数）= 12
步骤 2	034<u>67</u> × 6 '02	6 + 3（7 的一半）+ 1（之前标注的）= 10
步骤 3	03<u>467</u> × 6 802	4 + 3（6 的一半）+ 1（之前标注的）= 8
步骤 4	0<u>3467</u> × 6 '0802	3 + 2（4 的一半）+ 5（3 是奇数）= 10
步骤 5	<u>03467</u> × 6 20802	0 + 1（3 的一半）+ 1（之前标注的）= 2

现在，轮到你啦！

2 438 × 6

9 356 × 6

452 895 × 6

59 353 345 × 6

如果计算得当，你就会得出答案 1 4628、56 136、2 717 370 和 356 120 070。

与 7 相乘

乘以 7 的规则与乘以 6 的规则相似：先将数字增加一倍，

然后再加上其右边数字的一半，如果该数是奇数，则需另加一个5。

让我们来看一个数字中包含偶数的简单案例：

624 × 7

步骤1　<u>0624</u> × 7　4 × 2 + 0（4的右边没有数字）= 8
　　　　8

步骤2　<u>0624</u> × 7　2 × 2 + 2（4的一半）= 6
　　　　68

步骤3　<u>0624</u> × 7　6 × 2 + 1（2的一半）= 13
　　　　'368

步骤4　<u>0624</u> × 7　0 + 3（6的一半）+ 1（之前标注的）= 4
　　　　4368

接下来的案例是计算的数中包含奇数：

3 467 × 7

步骤1　<u>03467</u> × 7　7 × 2 + 0（7的右边没有数字）+ 5（7是奇数）= 19，写9，标1
　　　　'9

步骤2　<u>03467</u> × 7　6 × 2 + 3（7的一半）+ 1（之前标注的）= 16
　　　　'69

步骤 3　03467 × 7　　4 × 2 + 3（6 的一半）+ 1（之

　　　　'269　　　　前标注的）= 12

步骤 4　03467 × 7　　3 × 2 + 2（4 的一半）+ 1（之

　　　　'4269　　　　前标注的）+ 5（3 是奇数）= 14

步骤 5　03467 × 7　　0 + 1（3 的一半）+ 1（之前标

　　　　24269　　　　注的）=2

现在又轮到你大显身手啦！

2 438 × 7

9 356 × 7

452 895 × 7

59 353 345 × 7

它们的结果分别是 17 066、65 492、3 170 265 和 415 473 415。

与 5 相乘

也许你会好奇我介绍的这些乘法规则的先后顺序。先是乘以 11 或 12 的乘法运算，接着是乘以 6 或 7 的乘法运算，现在是乘以 5 的乘法运算。这看上去似乎毫无规律，但其实不是。因为我是从最简单的规则开始的，然后难度逐步递增。

在第二章中，你已经掌握了要如何计算偶数乘以 5：先将数字减半，然后再乘以 10。我们也可以将较长的数分解成更方便运算的数。

在特拉亨伯格速算规则中，乘以 5 的运算使用了减半和乘以 10 的技巧，这同样适用于任意奇数且不需要将其拆分。

我们在初始数的各位数下面写上它右边数字的一半的整数部分。如果该数（不是它右边的那个数）是奇数，我们需要再加一个 5。

首先，我们举一个简单的例子，例如：

624 × 5

步骤 1　0624 × 5　4 的右边没有数字，所以我们写 0

0

步骤 2　0624 × 5　4 的一半 =2

20

步骤 3　0624 × 5　2 的一半 =1

120

步骤 4　0624 × 5　6 的一半 =3

3120

下面是一个包含奇数的数乘以 5 的运算：

3 467 × 5

步骤 1	<u>03467</u> × 5 5	7 的右边没有数字，但因为它是奇数，所以是 0 + 5 = 5
步骤 2	<u>03467</u> × 5 35	7 的一半的整数部分是 3。6 是偶数，所以不用加 5
步骤 3	<u>03467</u> × 5 335	3（6 的一半）。4 是偶数，所以不用加 5
步骤 4	<u>03467</u> × 5 7335	2（4 的一半）+ 5（3 是奇数）= 7
步骤 5	<u>03467</u> × 5 17335	1（3 的一半）。0 是偶数，所以不用加 5

接下来，你来试一试，看自己是否掌握了这个方法！

2 438 × 5

9 356 × 5

452 895 × 5

59 353 345 × 5

它们的答案分别是 12 190、46 780、2 264 475 和 296 766 725。

与 9 相乘

在特拉亨伯格计算规则中，乘以 8 或 9 的运算是新的规则。

我们用 10 或 9 减去初始数的各位数。如果用 10 的话，7 需要变成 3；如果是 9，7 则需要变成 2。

乘以 9 的规则如下：

1. 用 10 减去最右边的数字，这样就可以得出答案右边的那个数。

2. 对于初始数中的其他数：先用 9 分别减去每位数，然后再加上每位数右侧的那个数。

3. 答案中的第一个数，也就是 0 下方最左侧的数，使用的计算规则是用初始数的第一个数减去 1。

上面的规则可能让你感到困惑，下面这个案例可以让你更好地理解这一规则：

3 467 × 9

步骤 1	$\underline{03467} \times 9$ 3	10 − 7 = 3，即答案中的最后一位数是 3
步骤 2	$\underline{03467} \times 9$ '03	9 − 6 + 7（7 是 6 右侧的数字）= 10，写 0，标 1
步骤 3	$\underline{03467} \times 9$ '203	9 − 4 + 6（6 是 4 右侧的数字）+ 1（之前标注的）= 12，写 2，标 1

步骤 4	03467 × 9 '1203	9 − 3 + 4（4 是 3 右侧的数字）+ 1（之前标注的）= 11，写 1，标 1
步骤 5	03467 × 9 31203	3 − 1 + 1（之前标注的）= 3

看，这一点都不难吧。接下来，又轮到你啦！

2 438 × 9

9 356 × 9

452 895 × 9

59 353 345 × 9

它们的答案分别是 21 942、84 204、4 076 055 和 534 180 105。

与 8 相乘

如果你理解了乘以 9 的规则，那么乘以 8 的规则对你来说完全没有问题，规则如下：

1. 最右边的数：先用 10 减去它，然后再乘以 2。

2. 中间的数：先用 9 减去它，再乘以 2，之后加上该数右侧的那个数。

3. 最左边的数（位于 0 下方）：用初始数的第一个数减去 2。

例如，下面这个乘法运算：

3 467 × 8

步骤 1	<u>03467</u> × 8 6	（10 － 7）× 2 = 6
步骤 2	<u>03467</u> × 8 '36	（9 － 6）× 2 + 7（7 是 6 右侧的数字）= 13，写 3，标 1
步骤 3	<u>03467</u> × 8 '736	（9 － 4）× 2 + 6（6 是 4 右侧的数字）+ 1（之前标注的）= 17，写 7，标 1
步骤 4	<u>03467</u> × 8 '7736	（9 － 3）× 2 + 4（4 是 3 右侧的数字）+ 1（之前标注的）= 17，写 7，标 1
步骤 5	<u>03467</u> × 8 27736	3 － 2 + 1（之前标注的）= 2

接下来，该你啦！

2 438 × 8

9 356×8

452 895 × 8

59 353 345 × 8

如果你得到的答案分别是 19 504、74 848、3 623 160 和 474 826 760，那么恭喜你，答对了。

与 4 相乘

现在，我们还差因数是 2、3 和 4 的运算技巧没介绍。其中，因数为 2 时，运算技巧是最简单的，人们只需从右边开始，将数字乘以 2 即可。乘以 4 的规则就没有那么容易了，它由三部分组成：

1. 最右边的数：用 10 减去该数，如果数字是奇数，需要再加一个 5。
2. 中间的数：先用 9 减去该数，如果数字是奇数，再加一个 5，然后加上该数右侧数字的一半。
3. 位于 0 下方的数：用该数右侧的那个数的一半减去 1。

例如：

3 467 × 4

步骤 1　03467 × 4　　10 － 7 + 5（7 是奇数）= 8

8

步骤 2　03467 × 4　　9 － 6 + 3（7 的一半）= 6

68

步骤 3	03467 × 4 868	9 － 4 + 3（6 的一半）= 8
步骤 4	03467 × 4 '3868	9 － 3 + 5（3 是奇数）+2（4 的一半）= 13，写 3，标 1
步骤 5	03467 × 4 13868	1（3 的一半）－ 1 + 1（之前标注的）= 1

不过，我觉得神奇的地方是，根据特拉亨伯格速算法，乘以 11 的规则竟然比乘以 4 的规则容易得多。因为 4 比 11 小，看上去似乎更容易计算，但事实并非如此。

现在，又轮到你大显身手了！

2 438 × 4

9 356 × 4

452 895 × 4

59 353 345 × 4

答案分别是 9 752、37 424、1 811 580 和 237 413 380。

与 3 相乘

乘以 3 的规则与乘以 8 的规则相似：

1. 最右边的数：先用 10 减去该数，然后乘以 2。如果该数是奇数的话，需加一个 5。

2. 中间的数：先用 9 减去该数，然后乘以 2。如果数字是奇数，需加一个 5，然后再加上该数右侧的那个数的一半。

3. 位于 0 下方的数：用该数右侧的那个数的一半减去 2。

例如，下面这个例子：

3 467 × 3

步骤 1	03467 × 3 '1	（10 － 7）× 2 + 5（7 是奇数）= 11，写 1，标 1
步骤 2	03467 × 3 '01	（9 － 6）× 2 + 3（7 的一半）+ 1（之前标注的）= 10，写 0，标 1
步骤 3	03467 × 3 '401	（9 － 4）×2 + 3（6 的一半）+ 1（之前标注的）= 14，写 4，标 1
步骤 4	03467 × 3 "0401	（9 － 3）× 2 + 5（3 是奇数）+ 2（4 的一半）+ 1（之前标注的）= 20，写 0，标 2
步骤 5	03467 × 3 10401	1（3 的一半）－ 2 + 2（之前标注的）= 1

下面你自己试着计算乘以 3 的运算吧!

2 438 × 3

9 356 × 3

452 895 × 3

59 353 345 × 3

如果你计算正确，得到的答案就分别会是 7 314、28 068、1 358 685 和 178 060 035。

下表是特拉亨伯格规则中因数是个位数时的运算规则总结。

因数	规则
2	将数字乘以 2。
3	右边：先用 10 减去该数，然后再乘以 2。如果该数是奇数，再加一个 5。 中间：先用 9 减去该数，然后乘以 2，如果数字是奇数，需加一个 5，然后再加上该数右侧的那个数的一半。 左边：用该数字右侧数的一半减去 2。
4	右边：用 10 减去该数，如果数字是奇数，再加一个 5。 中间：先用 9 减去该数，如果是奇数，需加一个 5，然后再加上该数右侧数的一半。 左边：用该数右侧数的一半减去 1。
5	该数右侧数的一半，如果是奇数，再加上一个 5。

续表

因数	规则
6	该数加上其右侧数的一半，如果是奇数再加上5。
7	将数字乘以2，然后再加其右侧数的一半，如果是奇数，再加一个5。
8	右边：用10减去该数，然后乘以2。 中间：先用9减去该数，然后乘以2，之后再加其右侧的数。 左边：用其右侧数减去2。
9	右边：用10减去该数。 中间：先用9减去该数，然后再加其右侧的数。 左边：用其右侧数减去1。
10	在数字后面加一个0。
11	用该数加上它右侧的数。
12	将数字乘以2，然后再加上它右侧的数。

以下是对表格的进一步解释：

右边是指答案中最右边的那个数；中间指的是除最左边数（位于0下方的数字）之外的所有剩余数字。根据特拉亨伯格计算规则，我们在计算时将0写在初始数中最大的那位数的左侧。

一半指的是一个整数。奇数的一半则选择较小的那个自然数，比如5，5的一半不是2.5，而是2。

你明白特拉亨伯格的速算规则了吗？我承认，这的确需要一些时间。当然，这个规则中有一些像乘法表一样需要记忆的东西。人们有可能会弄混乘以 3 和 4 的规则，而不是弄错 54 和 56。

根据《基础数学的特拉亨伯格速算系统》（*The Trachtenberg Speed System of Basic Mathematics*）的作者安·卡特勒（Ann Cutler）和鲁道夫·麦克沙恩（Rudolph McShane）的说法，该算法至少可以将计算时间缩短 20%。当然，你需要做一些练习才能达到。我完全可以想象，有些人如果从小就开始学习和练习这些规则，那么他们一定比用传统算法算得更快，这也正是雅科夫·特拉亨伯格追求的目标。

我还没有向你解释，为什么这种神奇的计算规则总是能得到正确答案。你自己可以试着证明一下，请参阅本章后面的习题——习题 11、13、14 和 15。或者你也可以查看本书的附录，其中有乘以 12、6、9 和 8 的规则的证明。

向量积

我们前面看到了特拉亨伯格可以将乘法转换为简单的求和。然而，除了因数是 11、12 之外，其他因数都是一位数。如果不是乘以 7 或 8，而是乘以 56 或 338，那要怎么办呢？

有一种可能性是，将乘以一位数的特拉亨伯格速算规则和传统的笔算相结合，如下所示：

```
  3 467 × 87
   24 269      ( × 7 )
  27 736      ( × 8 )
  301 629
```

我们用特拉亨伯格速算法计算出 3 467×7 的结果，并把它记下来，然后向左侧移一个位置，并记下 3 467×8 的结果。最后将这两个数用传统方法加起来，这样就完成了整个计算过程。

经验丰富的算术家还可能会用所谓的向量积乘法解决它们。在这种情况下，可以省去求两部分和的步骤——我们可以立刻写出最后的答案。但是向量积乘法要求运算人要有发达的大脑运算能力。

我们先举一个简单的例子：

43 × 87

答案中的个位数，我们可以通过乘以因数中的个位数得出，即 3×7=21。所以我们写 1，标 2，如下所示：

```
43 × 87
     ²1
```

然后是十位的向量积，即 3×8+4×7=24+28=52。此外，还有一个标记的 2，所以是 54，也就是写 4，标 5，如下所示：

$$\underline{43 \times 87}$$
$$^{5}41$$

百位则是十位数 4 和 8 的乘积，即 32。32 加上上一步标记的 5，得到 37。这样一来，我们就完成了这个运算，即：

$$\underline{43 \times 87}$$
$$3\ 741$$

接下来，我们计算一个四位数的运算：

$$\underline{3\ 467 \times 87}$$
$$301\ 629$$

个位　9　7 × 7 = 49，写 9，标 4

十位　2　6 × 7 + 7 × 8 + 4 = 102，写 2，标 10

百位　6　4 × 7 + 6 × 8 + 10 = 86，写 6，标 8

千位　1　3 × 7 + 4 × 8 + 8 = 61，写 1，标 6

万位　30　3 × 8 + 6 = 30

给你们这些雄心勃勃的算术家一个提示：如果我们用一个

数乘以一个三位数，向量积乘法仍然有效。在这种情况下，向量积不是由两个乘积组成了，而是三个。

速算法的意义是什么

特拉亨伯格速算法还有许多其他的计算技巧，比如另一种乘法方法以及关于除法和方根的方法。如果你喜欢速算，我推荐你读卡特勒和麦克沙恩的著作。

我非常欣赏特拉亨伯格速算法，我认为它是算术界真正的明珠。但请不要误解我，因为计算规则很难被大众所接受，所以它们在 20 世纪 60 年代（算术革命性变化的时代）都没有占据主流，现在依然很难。但是，就像如今虽然我们不常用机械表，但它却和电子表、计算器、电脑等一样重要。

对那些对数学感兴趣的人来说，特拉亨伯格系统在算术领域提供了一种新认知，在学校中不曾学过。速算系统表明得出运算结果的方式有很多种，这在数学上就是最大的意义。

习题

习题 26*

请你证明，在因数为 12 的乘法运算中，使用特拉亨伯格速算法始终可以得到正确的结果。

习题 27**

请你证明，当两位数与两位数相乘时，使用向量积乘法可以得出正确答案。

习题 28***

请你证明，特拉亨伯格速算规则适用于乘以 6 的计算：将数字与其右侧的数字的一半相加，如果该数字是奇数，需再加一个 5。

习题 29****

请你证明，特拉亨伯格速算规则适用于乘以 9 的计算。右边的数字：用 10 减去该数字。中间的数字：先用 9 减去该数字，然后再加上其右侧的数字。左边的数字：用其右侧数字减去 1。

习题 30****

请你证明，特拉亨伯格速算法适用于乘以 8 的计算。规则是，右边的数字：先用 10 减去该数字，然后乘以 2。中间的数字：先用 9 减去该数字，然后乘以 2，再加上该数字右侧的数字。左边的数字：用其右侧的数字减去 2。

七、数学魔力：玩转数字和出生年份

这就是魔术：观众正在绞尽脑汁地计算数字，而你已经知道了答案！就算他们不惊讶最终的结果，至少也会惊叹你脑子里计算的那个十位数的五次方的运算。

有时候，数学就像魔术一样，比如前一章中所讲的特拉亨伯格速算法。事实上，人们可以将多位数乘以7、8或9，当然，这需要做一些简单的加法运算。那一定很吸引人，但不一定适合聚会表演。

在这一章里，我想为你介绍一些数学魔术技巧，它们可能会让你的朋友和家人大吃一惊。你或许听说过日历法，其中有一种关于生日数字的技巧可以帮助我们读懂人们的想法，或许你还没有听说过这个技巧，下面就让我们一起看一下吧。

我们从经典的心算技巧开始。我先随便说一个数，然后用计算器求出它的三次方，即立方。我们可以举个例子，如185 193，你需要做的是算出它的立方根，当然，你不可以用计算器。

其实，它的答案是57。在大脑中进行这样的计算看起来是不可能的，但的确是真实发生的。那些心算家精于此道，你当然也可以，只要你理解了这一技巧。

我们再举一个例子，如681 472，怎样才能算出它的立方根呢？显然，它比57的三次方185 193更大，因此它的立方根也会比57大，然而，知道这些对我们来说并没有什么用。

首先，我们要推算出它的个位上的数，然后再估计出它的十位上的数，这样我们就可以迅速地算出 681 472 的立方根了。为了更好地解释这个技巧，我们需要将数字 1~10 的三次方的结果铭记于心：

数字	立方数
1	1
2	8
3	27
4	64
5	125
6	216
7	343
8	512
9	729
10	1 000

这些数的立方数给我们提供了关于个位数的第一个启示，下面我们来看一下 1~10 的各立方数的个位数：

数字	立方数的个位数
1	1
2	8
3	7
4	4

5	5
6	6
7	3
8	2
9	9
10	0

你注意到了吗，虽然这些数的个位数都不同，却有规律可循，如 2 对应 8，3 对应 7，反过来也是如此。

如果我们要推算立方根的个位数，只需找出所给的立方数的最后一位数即可，如 681 472 的个位数是 2，那么它的立方根的最后一位数一定是 8。

个位数法

我简单解释一下：如果 a 和 b 是自然数，并且 b 是个位数，我们可以把任意一个自然数用 $10a+b$ 的形式表示出来，而 b 是这个数的个位数，那么这个数的三次方就可以写成：

$$(10a+b)^3 = 1\,000a^3 + 300a^2b + 30ab^2 + b^3$$

除了 b^3 之外，所有数都有 10 的倍数，那并不会影响立方数的个位数，因为这个数只能由 b^3 来决定，因此我们可以通过一个数的个位数轻易地推算出这个数的立方数的个位数。此外，因为从 0~9 的各立方数的个位数都不同，所以我们也可以通过立方数的个位数计算出它的立方根的个位数。

因此，我们得知它的立方根的个位数是 8，根据推测可知这个立方根应该是个两位数，所以下一步我们要求它十位上的数。我们先看一下这个数的前三位 681，结合上面罗列出的 1~10 的立方数可知，681 位于 8 和 9 的立方数的中间，即 512~729 之间，那么由此就可以推断出 681 472 位于 80 和 90 的立方数之间。我们已经知道它的立方根的个位数是 8，所以可以推测立方根是 88。实际计算之后，发现结果与我们推测的结果完全吻合。

现在你或许已经明白这个计算方法了，那就来挑战一下，请计算下面这些数的立方根：

19 683

287 496

804 357

13 824

它们的答案分别是 27、66、93 和 24。

如下表所示，这个“尾数魔术”也适用于五次方！

数字	五次方
1	1
2	32
3	243
4	1 024
5	3 125
6	7 776
7	16 807
8	32 768
9	59 049
10	100 000

大家从这个表中发现了什么规律吗？

仔细观察可以发现，每个数的个位数和它的五次方的个位数是一样的。下面，我们玩一个猜五次方根的游戏，在此之前，你要先把上面表格中的内容记牢。

如果有人问 601 692 057 的五次方根是多少，我们根据上面个位数的规律，可以推出它的个位数一定是 7。接下来，我们要推测它的十位上的数，与三次方不同，五次方需要划去最后面的五位数，即我们只看 6 016，会发现这个数位于 5 和 6 的五次方之间，所以五次方根的个位数是 5，而这个数则是

57。检验后发现，结果完全正确。

你可以用下面这些数练习：

20 511 149

992 436 543

9 509 900 499

164 916 224

如果计算方法不出错，结果分别是 29、63、99 和 44。

像世界冠军一样计算

就连葛尔德 · 米特灵（Gert Mittring）这样的数字天才也会利用类似最后一位数计算的数字技巧。德国计算大师米特灵可以在几秒钟内心算出一个上百位数的 13 次方根，他用的是另一个小技巧——心算快速查对数和查反对数。

2004 年，米特灵成功计算出了 7 066 437 381 674 286 102 234 008 830 240 157 375 704 233 170 702 632 731 269 721 516 000 395 172 709 065 419 973 141 914 549 389 684 111 这个百位数的 13 次方根，打破了世界纪录。

米特灵运用他的对数计算法（此算法在本书的最后会有介绍）估算出答案大概是 47 941 071。在计算最后两位数时，这位大师采用了与上面所介绍的计算立方根相似的办法，即百位数以 11 结尾，所以 13 次方根的最后两位数一定是 71。米特灵早已把从 1 到 10 的各数字的 13 次方的最后两位数记在脑子里了。

这样，他就能在 11.6 秒的时间内算出正确答案 47 941 071。不久之后，法国人阿列克谢·勒梅尔（Alexis Lemaire）用了比米特灵更少的时间算出这一结果。自此以后，勒梅尔转向研究二百位数字的 13 次方根，而他算出这个如此长的二百位数的 13 次方的时间仅需一分多钟！

1924 年 3 月 15 日是周一吗？

还有一个让我印象深刻的小技巧——计算日历。这里指的是给出一个日期，然后推算那天是周几，它可能是你的生日或者历史上某个重要的日子。在这里，我们以 1924 年 3 月 15 日为例说明这个技巧。

推算日期有许多不同但相似的方法。在这里，我要介绍的是一种普遍适用的方法，它无须进一步调整，就能适合任何日期。

我们先从一个可以确定是周几的日期开始，以 1990 年 1 月 1 日为例，这一天是周一。然后我们以此推算，即当日期改变时，一周中的日期是如何推移的。我们会发现推移是由年数、月数及天数决定的。

在这个计算中，我们会运用带余除法。这一算法求的是把一个数分成几部分后剩下的那部分。为了方便理解，我们举一个例子，如 7 除以 2，余数是 1，我们可以说 7 除以 2 余 1，即 7 被几个 2 分割之后，余下 1。

那么 8 除以 2 呢？由于 8 能被 2 整除，所以 8 除以 2 的余数是 0。

再举一个例子，如 45 除以 7 的余数。我们可以看到，在 7 的倍数中，小于 45 且与 45 最接近的数是 42（=6×7），45 比 42 大 3，而 45 除以 7，余数为 3。下面我们仔细观察一下所举的这三个例子：

$7 \bmod 2 = 1$，因为 $\frac{7}{2} = 3$ 余 1

$8 \bmod 2 = 0$，因为 $\frac{8}{2} = 4$ 余 0

$45 \bmod 7 = 3$，因为 $\frac{45}{7} = 6$ 余 3

接下来，我们回到日期的计算。要想知道某天是周几，我们需要提前了解 5 个不同的数：

1. 天数：天数是从一个月的某天算起，如下所示：

天数 = 日期除以 7 的余数

例如，1924 年 3 月 15 日，天数就是 15 除以 7 的余数，即余数 1。

2. 月数：你可以逐月推导，不过最好熟记于心。

一月 = 0

二月 = 3

三月 = 3

四月 = 6

五月 = 1

六月 = 4

七月 = 6

八月 = 2

九月 = 5

十月 = 0

十一月 = 3

十二月 = 5

因此，1924 年 3 月 15 日的月数是 3。

月数的推导规律：一月的月数是 0。一月有 31 天，31 除以 7 的余数是 3，这意味着日期从 1 月 1 日到 2 月 1 日之间推迟了 3 天。如果 1 月 1 日是周一，那么 1 月 2 日就是周二。这样的话，二月的月数就是 3。一般情况下，二月有 28 天，闰年的情况我们之后再讨论。28 除以 7 的余数是 0，这样三月的月数也是 3。之后各月份的月数我们都可以按照这个规律来推算。

3. 年数：这个计算稍微复杂一些。先取年份的最后两位数，比如 1924 提取 24，然后进行下面的计算：

（年 + 年 /4）mod 7

这种计算方法不适用于闰年。其中需要注意的是，在这个用后两位数除以 4 的运算中，只取结果的整数部分，比如 5/4=1、6/4=1、12/4=3。

所以，1924 的计算过程如下：

$$\text{年数} = \left(24+\frac{24}{4}\right) \bmod 7$$

$$= 30 \bmod 7$$

$$= 2$$

4. 世纪数：世纪数的计算方法与前面年数的计算方法类似，只需取年数的前两位数就可以了。计算公式如下：

世纪数 = [3 –（世纪数 mod 4）]×2

那么，1924 年 3 月 25 日的世纪数就是：

$$
\begin{aligned}
\text{世纪数} &= [3 - (19 \bmod 4)] \times 2 \\
&= (3 - 3) \times 2 \\
&= 0
\end{aligned}
$$

世纪数只有 4 种可能性，即 0、2、4 和 8。不过，世纪数的计算方法不包括可被 100 整除的年份，比如 1800 这样的非闰年年份，或者像 400 的倍数（1600 和 2000 这样的闰年年份）。

5. 闰年：如果日期是闰年里的一月或二月，我们则需要减去 1 或者加上 6，即往回退 1 天或者向前加 6 天。

虽然 1924 是闰年，但我们选定的日期 3 月 15 日既不在一月也不在二月，所以不符合闰年的修正规则。

现在，我们已经算出了所有的数，如此一来，我们就可以知道 1924 年 3 月 25 日是周几了。我们把得到的所有数相加，可以得出结果：

$$1 + 3 + 2 + 0 + 0 = 6$$

这意味着 1924 年 3 月 25 日是周六。如果这个总和大于 7，那么这个数除以 7 后的余数就是我们要求的结果；如果这个数除以 7，余数为 0，这个日期就是周日。

现在你有兴趣尝试一下吗？你可以算一下下面这些日期分别是周几。当然，你还可以算一下你的生日是周几。

1966 年 5 月 2 日

1789 年 7 月 16 日

1989 年 11 月 9 日

如果你正确使用了天数、月数和年数的规则，就会发现上面这三个日期都是周四。

斐波那契数列魔术

让我们来做真正的数字魔术游戏。一瞬间求 8 个数的总和并不容易，如果这 8 个数是随机选的，那么计算起来可能需要花费一些时间。但如果这 8 个数是根据某些规则计算得出的，则可能会有一个捷径，你只要掌握了这个方法，就可以立刻写下它们的总和。

例如，斐波那契数列。意大利数学家莱昂纳多 · 斐波那契（Leonardoda Fibonacci）在 800 多年前描述了一个数序，借助此数序，人们可以计算兔群的增长。当然，我们可以把这个数序运用到我们的计算中。

你可以让观众自己想两个自然数，不过他不能告诉你他所想的数。现在，你向观众解释他可以如何推出另外 8 个数：将那两个自然数一上一下地写在黑板上，而最下面的那个数恰好是上面两个数的和。

在这里，我们可以用一个例子来说明：如果那两个自然数是2和3，那么第三个数就是5（=2+3），第四个数就是8（=3+5），第五个数就是13（=5+8）……依此类推，最后一个数始终是前两个数的和。如果你的观众用这种方法推出那8个数，那么黑板上现在就有10个数了。作为一名魔术师，你需要背对着黑板，但你的观众并不是在黑板上写下这些数，而是写在一张纸条上。

假设我们的初始数是23和79，那么黑板上的10个数分别为：

23

79

102

181

283

464

747

1 211

1 958

3 169

接下来，你转过身走近黑板，写下这 8 个数的总和 8 217。

下面就让我为你揭晓这个魔术的原理：选取倒数第四个数，也就是 747，然后用它乘以 11。这个方法跟你在第 1 章和第 6 章中看到的方法一样，非常简单，你只需在每位数上依次累加右边的数字即可。

你可以让观众再重新计算一遍，在他经过了相当长时间的计算之后，人们会发现最终得出的结果是一样的。

这个原理并不难证明。假设初始数是 a 和 b，那么接下来的数依次是：

$$
\begin{aligned}
a \\
b \\
a + b \\
a + 2b \\
2a + 3b \\
3a + 5b \\
5a + 8b \\
8a + 13b \\
13a + 21b \\
21a + 34b
\end{aligned}
$$

我们用下面的公式计算这 10 个数的总和：

$$和 = 2\times(21a+34b)+2\times(5a+8b)+2\times(a+2b)+a = 55a+88b$$

这刚好等于倒数第四个数 $5a+8b$ 的 11 倍，所以由此可以看出，我们为什么能这么快算出它的答案了。

预测数字

下面这种方法的巧妙之处在于，人们可以用变魔术的方式在观众刚想出这个数且没有被告知的情况下，就预测出结果。这些方法可行的原因在于，它与所使用的初始数无关，不同的初始数，得出的结果是一样的，这一点观众很难发现。

让我们看下面这个例子：你请观众想一个数，但不要告诉你，然后让他用这个数进行下面的计算：

1. 将数字乘以 2；
2. 在原数上加 8；
3. 把得到的结果除以 2；
4. 从结果中减去原数。

无论步骤是什么，每次的结果都是 4，观众一定会惊讶地不停点头，问道“这是为什么呢？”下面这个公式就是答案。

选取任意一个自然数 a，也就是观众所想的数，根据计算的步骤推出下面这个等式：

$$
\begin{aligned}
\text{结果} &= \frac{2a+8}{2} - a \\
&= a + 4 - a \\
&= 4
\end{aligned}
$$

当然，你可以随意变换数字，比如在上面的第 2 步中，用其他任意数来取代 8，但需要注意的是不要改变别的步骤，如此一来，最终的结果就是你在第 2 步中添加那个数的一半。

下面介绍的这一技巧，计算步骤相对要复杂一些，你的观众对此可能会更困惑。观众再次选择一个数，并按照下列的指示进行计算：

1. 将这个数与 11 相加；
2. 上一步的结果乘以 2；
3. 用第 2 步的结果减去 20；
4. 将第 3 步的结果乘以 5；
5. 用第 4 步的结果减去初始数的 10 倍。

这时，你可以向观众直接说出最终的答案是 10，不管观众一开始说的那个数是多少，最终的结果一定是 10。关于它的证明方法并不难，假设观众一开始说的数是 a，那么上面的计算公式则如下所示：

$$[(a + 11) \times 2 - 20] \times 5 - 10a = (2a + 2) \times 5 - 10a = 10$$

镜像数字法

此外，还有一个更神奇的计算方法，你用它也可以算出最终结果。

观众随意说一个三位数，但有一个条件，即三位数的第一位数（百位数）减去最后一位数（个位数），结果要大于或等于 2。举个例子，假设观众说的数是 632，它的计算过程如下：

1. 颠倒这个数的各位数的前后顺序，即所谓的镜像数；

236

2. 用初始数减去镜像数；

$$\begin{array}{r} 632 \\ \underline{-\ 236} \\ =\ 396 \end{array}$$

3. 用颠倒数字前后顺序的方式写出上一步的减法结果；

396

693

4. 将第 3 步中的这两个数相加，会发现结果始终是 1 089；

396

+ 693

= 1 089

为什么无论初始数是多少，最后的结果始终是 1089 呢？下面我们就来看一下，假设初始数包含三个自然数 a、b 和 c，其中 $a-c\geqslant 2$，且 a、b、c 都是一位数的自然数，那么这个三位数就可以写成 $100a+10b+c$。

我们以这个数为例，以此进行上面四个步骤的计算，然后观察这些数将会发生什么变化。表格中罗列的四列分别是千位数、百位数、十位数和个位数。

	千位数	百位数	十位数	个位数
初始数		a	b	c
第一步：镜像数字		c	b	a
第二步：两数之差		$a-c$	0	$c-a$

因为 a 比 c 大，所以 c-a 是负值，这时我们需要根据减法的规则，在个位数上做一点“加工”。根据进十原则，差的个位数变成了 10-（a-c），相应地，十位数不再是 0，而是 9，百位数也相应减去 1——由 a-c 变成了 a-c-1。接下来，我们分别写下这些结果的镜像数字，然后将它们相加。在这里，我们从个位数开始。

	千位数	百位数	十位数	个位数
第二步：两数之差		a-c-1	9	10-（a-c）
第三步：镜像数字		10-（a-c）	9	a-c-1
第四步：两数之和		a-c-1+10-（a-c）+1（标记）	8（标 1）	10-（a-c） a-c-1
结果	1	0	8	9

相加之后得出百位上的数是 10，由此我们在百位上写 0，1 则进一位，写到千位上。这样一来，无论 a、b 和 c 的值是多少，结果始终是 1 089。这就是我所说的“魔术”！

在本章最后的习题部分，你可以看到很多数字小技巧，你也可以尝试证明这些小技巧的数学原理。

巧算出生年份

另一个堪称“艺术”的数字技巧是关于计算出生年份的。让观众把他自己的出生年份加 25，然后再加上他的年龄数，之后让他把相加后的结果默记在心里。接下来，你问他："你在每年的哪一天庆祝生日，我只需知道月份和日期就行。"

然后，他告诉你了一个日期，比如4月10日。这时候，你就需要演一出戏，故作神秘地说道："嗯……这是一个很特别的星座，我得好好思考一下。"

你必须认真思考：这个人今年的生日过了吗？如果过了，就需要把今年的年数加25，比如2 013加25就变成了2 038。你可以边说边在心里默默地计算："7和月数对不上，9离4月10日太近了，那就只能是8了。"你会发现你算出的数刚好以8结尾。"前面是204吗？不，是203。结果是2 038，对吗？"我都可以想象到，观众一定会惊讶地猛点头。

如果他的生日还没有过，你就需要用24来取代25。如果是2 013年，那结果就是2 037。当然，你还会发现一个不可思议的解释。

这个奇妙的计算方法的秘密就在于计算出生年份与当前年龄，因为它们的和必然是当前的这一年，而你一开始就把出生年份加上了25，这一点是他想不到的。

如果你想给人留下更深刻的印象，也可以用出生年份加不同的数，比如112、83……这样每个人得到的结果都不同。

阿尔贝希特·波伊特许巴赫（Albrecht Beutelspacher）是德国吉森数学博物馆的创始人，从他那里我了解到了这个小技巧的另一种变化形式，计算步骤如下。

1. 如果条件允许的话，你每周有几天想在夜晚外出？请把这个数乘以 2。

2. 用第 1 步的结果加 5。

3. 用第 2 步的结果乘以 50。

4. 如果你今年的生日已经过了，那么请用上一步的结果加 1 763；如果没过，请加 1 762。

5. 用第 4 步的结果减去你的出生年份。

上面的结果应该是个三位数。三位数的第一个数是你每周想在夜晚外出的天数，后两个数是你的年龄！如果结果是个两位数，就说明你一周想要在夜晚外出的天数是 0。

这个计算步骤只适用于 2013 年。如果是 2014 年的话，需要在第 4 步分别加 1 764 和 1 763，年份每增长一年，需要再加 1。下面我们来看一下关于 2013 年的计算。

假设你一周里想在夜晚外出的天数是 a，a 的范围在 0~7 之间，那么前三步的计算公式如下：

$$(2a+5)\times 50=100a+250$$

假设今年你已经过了生日，现在是 b 岁（b 是一个两位数），接下来进行第 4 步和第 5 步的计算：

$$\begin{aligned}\text{结果} &= 100a + 250 + 1763 - \text{出生年份} \\ &= 100a + 2013 - (2013 - b) \\ &= 100a + b\end{aligned}$$

b 是你的两位数年龄，也是最终结果的后两位数。第一位数是 a，即你每周想在夜晚外出的天数。

如何猜年龄

那些用于求一个数除以 9 的余数的方法极其精妙。请回忆一下第三章中的内容，如果一个数的横加数能被 9 整除，那么它也能被 9 整除。关于横加数，我在这里还要再补充一点：其实它是某个数除以 9 之后的余数，比如 33，它的横加数为 6（=3+3），同时它也是这个关于 9 的除法运算的余数，即 33 除以 9，商是 3，余数是 6。

此外，数字 9 也可以帮助我们准确地猜出一个人的年龄。你可以让人把任意一个自然数与 9 相乘，然后将得到的结果与他自己的年龄相加。之后你便可以说出最终结果，并算出它的横加数。如果横加数大于 9，那么这个横加数就按照同样的方法再计算出一个横加数，如此反复，直到横加数小于 9 为止。

我们假设这个人是 42 岁，而他给出的任意自然数是 932，由此可进行相关计算，即 932×9+42=8 430。8 430 的横加数是

15（大于 9），继续计算横加数，得出最终的横加数为 6。这个横加数应该刚好与这个人的年龄除以 9 的余数相同，而与此相关的数分别有 6、15、24、33、42、51、60、69、78、87 和 96。根据上面的这些数，你便可以猜出他的年龄：33、42 或 51。一般情况下，通过观察一个人的样貌即能判断出他的年龄，比如这里 42 岁的例子。

我们简单介绍一下这个技巧：当把一个人的年龄与任意一个自然数的 9 倍相加，得出的结果除以 9，它的余数与年龄数被 9 整除的余数一致，而这个横加数 6 刚好等于年龄数被 9 整除的余数。

著名的智力题收集者和出题者马丁·加德纳（Martin Gardner）先生曾建议：在预测一个人的年龄时应准备一些纸币。选取的数也不应该乘以 9，而是乘以魔术师从钱包里随意掏出来的纸币上的序列数。这些序列数需要事先挑好，它必须可以被 9 整除！

猜缺失的数字

接下来，这个与 9 相关的技巧也与调换数字的顺序有关。首先，你请一位观众写下一个任意的十位数。当然，作为一名数学魔术师，你不可以看这个数。接下来，这位观众需要将这个十位数的各位数随意互换，然后计算出这个数与初始数之间的差（当然，他是用两者中较大的那个数减去小的数）。

假设他写的数是 9 876 543 210，调换顺序后的数是 1 928 374 650，那么它们的差就是 7 948 168 560。

随后，观众以随机的数字顺序形式告诉你这个数，但他会保留其中的一个数在心里，但这个保留的数不能是 0 或 9，其他的数则由观众自主决定。

最终，他选了 8，而他报出的数字顺序为：9、7、0、4、1、6、5、8、6。

作为魔术师的你，现在可以立刻说出他保留的那个数是多少：将上面这 9 个数加在一起，得到 46，然后用它的横加数一直减 9，直到得到一个比 9 小的数。由此得到的倒数第二个结果是 10，之后是 1，满足条件小于 9 的只有 1，所以 9 减 1，最后得出 8。

你可能早就知道了这个规律的计算原理。观众用来做减法运算的那两个数，它们由相同的数字组成，所以有相同的横加数，这就意味着它们除以 9 后的余数也相同。这两个数相减后，它们的差也应该能被 9 整除，因为相同的余数可以彼此抵消。

这样一来，你就能明白为什么这个结果的横加数能被 9 整除了。你需要用得出的这个数的横加数一直减 9，直到最后的结果比 9 小，由此推出被保留的数是 8。

不过，在计算中可能会有一个问题：如果观众选择的数是 9 或 0，我们就没办法算出最终的结果了。因此，你需要提前跟观众约定好，这个数必须在 1~9 之间，或者试着猜，比如问观众：“是不是 0？如果不是的话，我再想想，结果是 9！”

另一件让人更有成就感的事：你有没有想过用横加数来变魔术？这些数字魔术给我留下了深刻的印象，你也可以自己扩展本章介绍的这些数字技巧。这些计算可能会让你的观众摸不着头绪，但你却把他们带入了一段迷人的旅程，即使那些非常熟练的算术家也很难看透这些技巧。

在本书的最后一章，你将会了解到更多神奇的数学技巧。在此之前，你需要做好准备，迎接另一种关于图片和收集贴纸的技巧。

习题

习题 31**

用下列方法，你可以算出某个人的生日：先用这个人的生日乘以 2，然后再加 5，由此得出的结果乘以 50，之后再加生日的月份数。当对方准备告诉你时，你便能立刻说出他生日的月份和日期。你是如何做到的呢？

习题 32**

你随便想一个数，先用它乘以 37，再加 17。之后用上一步的结果乘以 27，再加 7。最后用上一步得出的结果除以 999。这个除法的余数始终是 466，为什么呢？

习题 33**

随意想三个不同的个位数，将它们两两结合，组成六个两位数，然后加在一起。最后将六个数相加后的总和除以这三个数的和。请你证明，结果始终是 22。

习题 34**

随意想两个三位数，并将它们组合成两个六位数：先将其中一个数放在另一个数前面，组成第一个六位数，再交换两个三位数的顺序组成第二个六位数。求出这两个六位数的差，然后用这个差除以最初的那两个三位数的差，结果始终是 999，为什么呢？

习题 35****

有 12 个孩子在同一年出生，不过他们生日的月份各不相同。我们用每个孩子的生日的月份乘以日期，比如生日是 4 月 8 日，即 8 × 4=32。以此算出每个孩子所对应的结果：妮娜 153、海伦娜 128、尼古拉斯 135、马克思 81、卢比 42、汉娜 14、雷欧 300、玛蕾娜 187、阿德里安 130、贝拉 52、保罗 3、莉莉 49。你能算出他们的生日分别在哪天吗？

姓名	乘积	分解	可能的日期	生日
妮娜	153	3 × 3 × 17	9.17	9.17
海伦娜	128	2 × 2 × 2 × 2 × 2 × 2 × 2	8.16	8.16
尼古拉斯	135	3 × 3 × 3 × 5	9.15、5.27	5.27
马克思	81	3 × 3 × 3 × 3	9.9、3.27	3.27
卢比	42	2 × 3 × 7	3.14、7.6 2.21、6.7	6.7

续表

姓名	乘积	分解	可能的日期	生日
汉娜	14	2×7	1.14、2.7、7.2	2.7
雷欧	300	2×2×3×5×5	10.30、12.25	12.25
玛蕾娜	187	11×17	11.17	11.17
阿德里安	130	2×5×13	10.13、5.26	10.13
贝拉	52	2×2×13	2.26、4.13	4.13
保罗	3	3	3.1、1.3	1.3
莉莉	49	7×7	7.7	7.7

八、交换与等分：用系统论收集贴纸

每两年就会出现同样的场景：在足球世界杯或欧锦赛开赛之前，无论是大人还是小孩，都会陷入收集世界杯贴纸的狂热中。如果用数学的技巧来收集贴纸，那么就可以在填满纪念册的过程中省下一大笔钱！

我们很难准确追溯集邮册的起源，源于19世纪的巴黎是其中的一个说法。有个名叫乐蓬马歇（Au Bon Marché）的百货公司在顾客们购物结账后会赠送小卡片，后来变成赠送系列卡片，这些彩色卡片吸引了街道上玩耍的孩子们和散步的巴黎女士们，因此有很多回头客。

巧克力制造商弗兰兹·施多威克（Franz Stollwerck）从1840年开始生产所谓的“贴纸巧克力”。这种收集贴纸的热潮随之传到了德国，比如巧克力的包装纸上的图案变成了科隆大教堂。后来经过不断发展，卡片被独立包装，放在巧克力的包装袋里，专门供人们收藏。

之后不久，香烟的系列卡片出现，虽然标语从过去到现在都一样。这种纪念册的售价都很便宜，主题多样，比如有关于书的，有与1936年奥运会、著名演员或世界杯相关的，有些甚至直接赠送。人们既能在巧克力的包装纸里找到这种纪念卡，也可以在路边的报亭里买到。

随着经济的不断发展，人们借助这一热潮挣了很多钱。反过来，经济的发展，又促使纪念册主题变得繁多。走进一家杂志商店，你可以看到各种主题的贴纸和卡片，比如明星、战争、足球联赛、动物、辛普森一家、摔跤，等等。

其中，最流行的是大型足球赛的纪念贴纸。仅仅为了装2012年的欧洲足球锦标赛的纪念贴纸，我就准备了一个有100个小袋子的纸板箱，每个袋子可以装5张纪念贴纸，取代了原来几十打的包装纸。正如我们即将看到的那个令人难以置信的玩意儿——一个纸箱装满了不同主题的500张贴纸。我的箱子早就没空间了，2012年的欧洲足球锦标赛一共有540种贴纸，它们均由制造商帕尼尼公司生产。

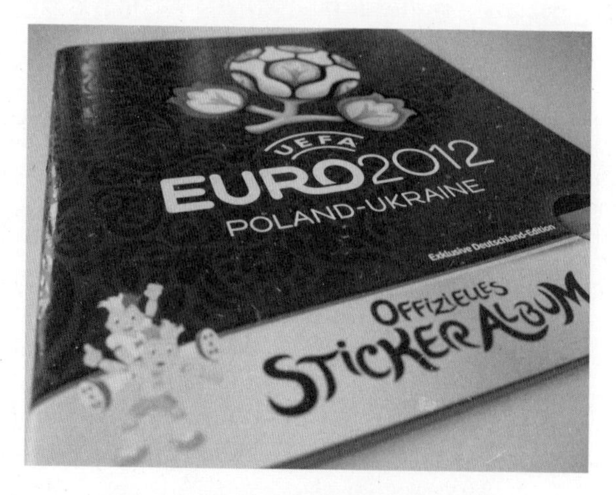

2012年欧洲足球锦标赛的帕尼尼纪念册，
里面收集了540张贴纸

顺便提一下，一个可以装下5张贴纸的小袋子需要60欧分，那么要收集540张贴纸，至少需要花费64.80欧元。人们要如何用尽可能少的钱，多收集贴纸呢？很多人认为，可以把自己多余的贴纸和朋友、同学或同事交换，这样当然可以。在本章中，我会阐述相关的数学背景，同时也会告诉大家怎样在最省钱的情况下，填满手里的纪念册。

以掷骰子为模型

关于纪念卡的这个问题并不难理解，它属于概率计算的范畴。你一定知道掷骰子的所有可能性为 p，那么得到点数 6 的概率是多少呢？没错，概率是 1/6。

你一定也知道，在得到点数 6 之前，需要掷多少次骰子。其实，这个计算过程并不难。假设可能性为 p，则倒数是 $1/p$，那么我们就可以得出 p=1/6，由此得到结果 6。这就意味着你平均要掷 6 次骰子，才能得到一个 6 点。不过，有时 3 次就可以得到，有时可能 12 次之后依然没有出现 6 点。

如果你进行了很多次尝试，并且形成了自己的“投掷序列”，那么当你在首次掷到 6 点时，即可以算出投掷次数的平均值。在之后进行的投掷中，这个平均值就是出现 6 点时需要投的平均次数。

接下来，我们回到足球贴纸的话题上。假设我们买了一本纪念册，里面可以放 540 张不同的贴纸。如果我现在一张贴纸也没有，那么相较于没收集贴纸之前，我得到第一张贴纸的概率是多少？显然，概率是 1，因为我手里一张贴纸都没有。当然，我所购买的第一张贴纸也必须是纪念册里没有的。

继续下一步：我有了一张贴纸，那么相较于没收集贴纸之前，我得到的第二张贴纸的概率是多少？因为一共有540张不同的贴纸，所以这个可能性p=539/540，那么我需要再买1/p张贴纸，即540/539，这样我才能把第二张贴纸放入纪念册。上面的概率1.0018刚好超过1，所以一张贴纸就够了。

接下来是第三张贴纸。我已经有两张不同的贴纸了，那么第三张贴纸的概率p=538/540，所以我平均需要购买540/538张贴纸，约等于1.0037张。

现在，我们来总结一下，为了往我的纪念册里放入三张不同的贴纸，我每次需要购买的贴纸数如下：

$$1+\frac{540}{539}+\frac{540}{538}$$

如果把等式中的1写成分数的形式，就是：

$$\frac{540}{540}+\frac{540}{539}+\frac{540}{538}$$

由此可知，它们很可能遵循了某种规律，你发现了吗？实际上，我们已经了解了收集贴纸公式的前半部分，即540/539、540/538……依此类推。

最后需要的那些贴纸最贵

在我们完整地写出这个公式之前，先看一下纪念册快填满时，将会发生什么。假设我还差一张贴纸，那么我一次就能买到所需的这张贴纸的概率是多少？在 540 种贴纸的选项中，它的概率是 1/540，这就意味着我要买 540 张贴纸才能得到我需要的这张贴纸。这可是一笔巨大的开销。

你集齐了吗？意大利队全员的贴纸

如果我差 2 张贴纸，那么买到它们的可能性就是 p，为了得到这 2 张贴纸，我需要购买 270（=540/2）张贴纸。如果差 3 张，那么我需要买 180（=540/3）张贴纸才能得到那 3 张我所没有的贴纸。

由此，你会发现收集最后 1 张缺少的贴纸相当昂贵，但将一个空的纪念册填满则容易很多。

现在，我们用相反的顺序写下这个收集公式，如下所示：

$$贴纸数 = \frac{540}{1} + \frac{540}{2} + \frac{540}{3} + \cdots + \frac{540}{538} + \frac{540}{539} + \frac{540}{540}$$

$$= \left(\frac{1}{1} + \frac{1}{2} + \frac{1}{3} \cdots \frac{1}{538} + \frac{1}{539} + \frac{1}{540}\right) \times 540$$

括号里的部分可以用和谐数列中的数学部分的和来表示：

$$H_n = \frac{1}{1} + \frac{1}{2} \cdots \frac{1}{n}$$

遗憾的是，计算这一部分的和并没有公式可以借用，不过幸运的是，还有一个相近的公式，借助它就可以快速地算出这个庞大的数了——至少还可以借助计算器，如下：

$$H_n = \ln(n) + 0.5772 \cdots$$

$\ln(n)$ 这个自然对数函数（常数 e=2.71…）和 0.5772 即是所谓的欧拉 - 马斯克若尼常数。在这里，有四个地方给出了说明。

因此，2012 年欧洲足球锦标赛帕尼尼纪念册所需要的贴纸数如下：

$$贴纸数 = 540 \times [\ln(540) + 0.5772]$$

$$贴纸数 = 540 \times (6.2916 + 0.5772)$$

$$贴纸数 = 3\,709.64 \cdots$$

如果我们要装满一本帕尼尼纪念册，并且不想把自己重复的贴纸与其他收藏家交换，那么我们则需要购买 3 710 张贴纸。这样的话，我们就需要买 742 个可以装 5 张贴纸的小袋子，大概要花 445.20 欧元，那可是一笔相当大的开销！

通过下面这个表格，我们可以清晰地看到，收集在刚开始时是多么简单，但后面需要购买的贴纸数的趋势呈爆炸式增长。横轴 X 代表的是需要购买贴纸的数量，纵轴 Y 是对应的贴纸的主题种类：500 张贴纸大概包括 320 种，1 000 张贴纸大概包括 450 种。我们需要购买 3 710 张贴纸，才能集齐 540 种不同的贴纸。你可以思考一下：这些可都是平均值，现实中如果我们要填满一本纪念册，可能会比它快，但也可能更慢。

按照正常逻辑来说，如果购买 3 710 张贴纸，肯定会有重复的。有些可能是 2 张重复，有些可能是 3 张、4 张……由于有 540 种贴纸，所以我们拥有的每种贴纸平均有 6~9 张。

鉴于有重复的相同贴纸，我们很容易会想：为什么我们不一起收集呢？将自己多余的贴纸送给别人或者与他人互换。收藏家们是如何通过分享这 3 710 张贴纸，从而获得一本填满的纪念册的呢？

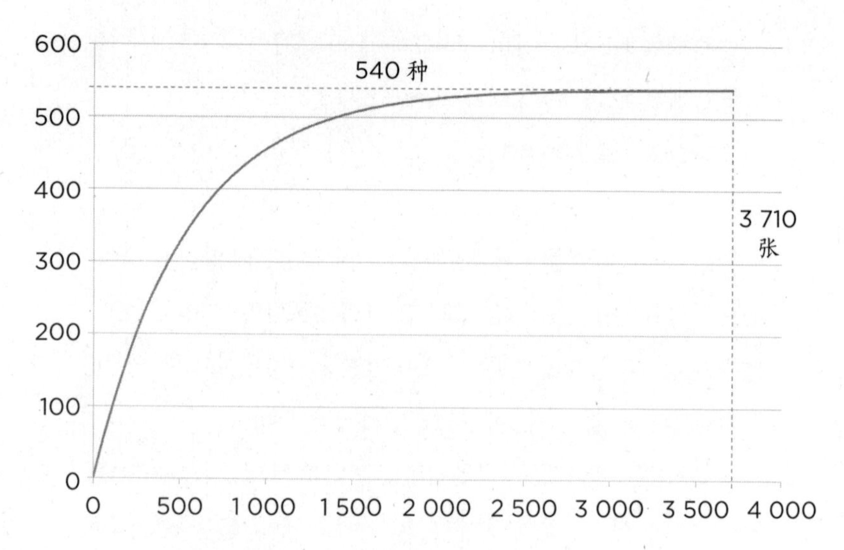

收集者曲线：只有买了 3 710 张贴纸的人（*X* 轴）
才有可能集齐这 540 种不同的贴纸

兄弟姐妹之间

这让我想到了兄弟姐妹之间收集纪念卡，那其实也是一种策略。这样的话，人们就可以用尽可能少的钱去集满一本纪念册，同时还不用去寻找其他纪念卡交换者。

它的前提是，所有的兄弟姐妹都有一本纪念册。为了便于用数学方法来理解，这里有一个前提条件，即孩子们之间存在一种明确的等级制度：年长的哥哥或姐姐购买所有的贴纸，然后放到他们自己的纪念册里。

如果碰到重复的贴纸，则分给下一个弟弟或妹妹。这就意味着最大的哥哥或姐姐要先将自己的纪念册集满，再把其他的贴纸依次传递下去。如果一种贴纸有 7 张，那么每个孩子都能分到 1 张。

现在的问题是，如果一共买了 1 000 张贴纸，其中哪些是重复 2 张的，哪些是重复 3 张的，哪些是重复 4 张的……显然，从数学的角度来看，它的要求要比上文推导公式更多。不过，数学家们早就研究过这个问题了，还找出了解决的办法。否则的话，他们就不能被称为数学家了。他们研究出了所谓的 FHL（Foata-Han-Lass）公式。

收集者遇到的倒霉情况：重复出现的贴纸

在此演绎推导公式超出了本章的范围。最重要的是，我们感兴趣的是结果。

因此，在写关于这个公式的论文时，我认识了美国新泽西州立罗格斯大学的多伦 · 齐尔伯格（Doron Zeilberger）教授。

我向他简单介绍了 2012 年欧洲足球锦标赛帕尼尼纪念册的一些问题，他很热情地帮我计算了一些数字。在这里，我要强调一点，他在计算的时候没有使用计算器，那几乎是不可能的，不过他使用了一个特殊软件 Maple（工程计算软件）。

借助这个软件，他算出了当一个球迷购买 3 710 张贴纸时会出现多少种贴纸。结果与之前计算的填满一本纪念册的贴纸的种类数恰好相同。

这些数字让我震惊！我首先想到的是，一个收藏家买了 3 710 张贴纸，其中有 540 种不同的贴纸，每种贴纸的数量正好是 3 710/540=6.9 张。但事实并非如此，其中有 7 种贴纸有且仅有一张，没有重复。如果最大的哥哥或姐姐将它们放进了自己的纪念册，其他孩子就可能没有了。

此外，其中有两种贴纸分别有 16 张，甚至还有一种有 17 张。所以需要注意的是，算出的这些都是平均值，如果你买了 3 710 张贴纸，不同贴纸的分布可能完全不一样。

下表展示了不同类型的贴纸的平均分布频率（四舍五入到整数，一共 3 710 张）：

在我们所举的例子中，如果两个兄弟姐妹一起收集贴纸，小的那个依然会缺少 7 种，因为这些贴纸只有 1 张，并且已经在他哥哥或姐姐的纪念册里了。除了缺少的这 7 种贴纸，两人纪念册中的其他贴纸都已集全，并且有些贴纸还有富余。

如果三个兄弟姐妹一起收集贴纸，老二依然会缺少 7 种贴纸，老三则差 25（=7+18）种贴纸，这恰好对应仅有 1 张或 2

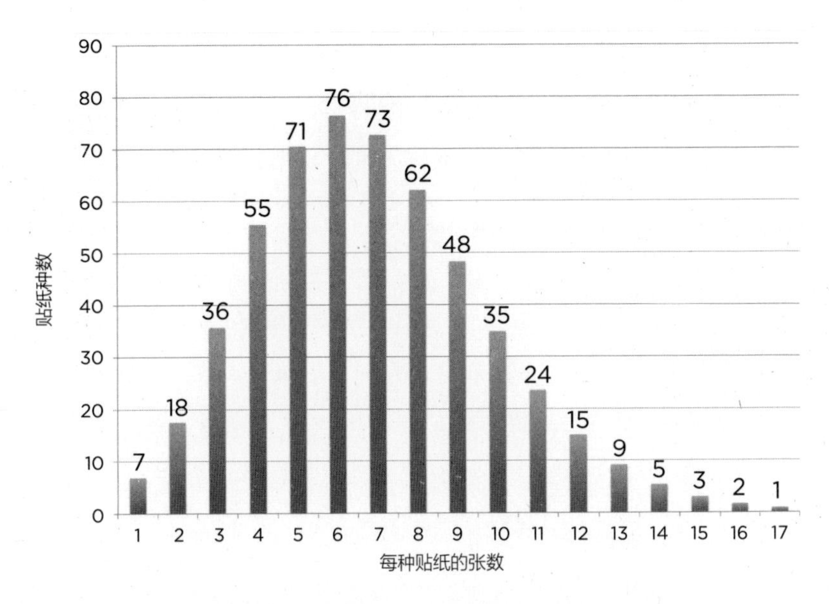

收集者遇到的倒霉情况：有 7 种贴纸分别有且仅有 1 张（最左边的柱图）；有一种贴纸却有 17 张（最右边的柱图）（图片来自：齐尔伯格）

张贴纸的种类数。

根据上面这个图表，我们可以很容易地计算出缺少的贴纸的种类数。如果是五个兄弟姐妹一起收集贴纸，最小的孩子缺少的则是只有 4 张的 55 种贴纸。孩子们还需要制作两张表格来展示只有 3 张的贴纸，即 36×2=72；只有两张但还需 3 张的贴纸，即 18×3=54；只有一张且还需 4 张的贴纸，即 7×4=28。综上所述，现在一共还需要 209 张贴纸（=55+72+54+28）。因此，除去最大的哥哥或姐姐，如果剩下的弟弟妹妹们想要集齐的话，还需要得到 209 张贴纸。

孩子们也可以通过与其他孩子交换，从而获得缺少的贴纸。毕竟，其他人也有数百张多余的贴纸。

用不到 100 欧元集齐纪念册

足球收藏贴纸的制造商帕尼尼提供收藏家缺少的贴纸的订购业务，他们允许每个人最多订购 50 张贴纸。不过，每张贴纸的费用从 12 欧分涨到了 18 欧分，此外，还需要 3 欧元的快递费，所以 50 张贴纸一共需要 12 欧元（2012 年的物价）。如果需要 209 张贴纸，则需要订购 4 次 50 张的贴纸，然后再购一次 9 张的，一共需要 52.62 欧元。

我在前面已经说过，五个兄弟姐妹已经用 445.2 欧元买了 3 710 张贴纸。因此，他们集满这五本纪念册一共花了 498 欧元，平均算下来，每个人的花费在 100 欧元左右。

其实，这五个兄弟姐妹不一定非要按照严格的年龄顺序来收集贴纸。因为在这一顺序下，年长的孩子能首先得到购买的贴纸，从而集满他的纪念册，而多出来的重复贴纸会继续传到后面的弟弟妹妹手中。如果不采用这种办法，他们每人都能得到 3 710 张贴纸中的五分之一，即 742 张，可以用它们来填满各自的纪念册，而所有重复的贴纸可以集中到一起，每个人都可以再利用它们。从数学的角度来看，不管是一个人买了 3 710 张贴纸还是五个人各自买了 742 张贴纸，似乎没什么区别。

虽然共同收集和再次订购没有一个一个拆开包装袋那样有

吸引力，但无论如何，这样做的确省下了一大笔钱。

帕尼尼骗人了吗？

当然，所有的思考和计算都有一个前提条件：制造商把这些贴纸平均地分配在各个小袋子里。不过，有些收藏家却不这么认为，即个别团队或运动员出现的次数要比其他球员频繁。如果真是这样，这种做法无疑拉动了经济。但是，帕尼尼公司有必要这么做吗？从上文中兄弟姐妹们收集贴纸的情况可以看出，即使人们虔诚祈祷，每种贴纸都能出现的次数依然是 7 次左右，有些则是 13 或 14 次，甚至还有 16 次的情况。

根据我所了解到的抽样调查结果可知：这些贴纸的确是平均分配的。在 2012 年欧洲足球锦标赛开赛之前，我对《明镜在线》的读者进行了问卷调查，并请他们在表格上写下他们所选择的贴纸的种类和数量。为了让抽样调查更科学、可信，我选了 16 个队的守门员及德国队的球员。在调查中，读者们需要说明他们拿到自己所选的贴纸的频率。

一共有 266 个收藏家参与了这个问卷调查。其中，我删除了 51 条数据记录，因为那些是他们填错的信息。最终评估得出 215 条有效记录，一共有 9 527 张贴纸。

乍一看，这个数字并不引人注意，比如守门员；16 个队的守门员都出现了，每个人所占的贴纸数在 200~300 张之间波动。每个人的数量虽然不完全一样，但差距不大。其中，数量较多的是意大利的守门员吉安路易吉 · 布冯（Gianluigi Buffon，有 300 多张贴纸）和捷克守门员佩特拉 · 切赫（Petr Cech）；守门员贴纸中较少的有 200 多张，他们分别来自荷兰、葡萄牙和匈牙利。

其中，贴纸最多的那张——334 张——贴纸编号为 231，上面的人物是德国队队长菲利普 · 拉姆（Philipp Lahm）。相较于每个人贴纸的平均数 251，他超过了平均值的 33%。178 张的贴纸是最少的（比平均值低了 29%），上面的人物同样来自德国队，它的贴纸编号是 249，即德国著名的守门员曼努埃尔 · 诺伊尔（Manuel Neuer）。不过，还有一种诺伊尔的贴纸，编号是 229，一幅他非常经典的肖像，共有 273 张，这个结果十分出人意料。

这些数字到底意味着什么？是不是因为队长最受欢迎，所以拉姆的贴纸出现的频率就高了一些？又或者说，这些波动是正常的？

这些统计结果说明了什么？

在统计学中，有一种方法可以用来检验从样本到均匀分布的数字的拟合程度，被称为“卡方拟合测试”。简单来说，在这个过程中，可以通过将这些偏差相加并把它们和表格中的值进行比较，以此查看个值与均值的偏离程度。

卡方检验的结果很清晰：贴纸数量的差异太大，无法通过均等分布来解释。不过，我不会把这个结果当成制造商帕尼尼欺骗消费者的证据。原因是，这个数的基数太小且不确定。毕竟，这仅是一项网上的调查问卷，无法验证参与者的真实性。

当我公布了在《明镜在线》上收集到的贴纸的统计数据后，有几位使用交换平台的收藏家通过一个收藏网站和脸书（Facebook）联系了我。在这些平台上，人们把540种贴纸中每种贴纸的使用频率和次数输入了数据库。从原则上来说，这些数据是非常可靠的，毕竟有数千人参与了其中。

但是，我仍不相信收藏网站上的统计数据。正如那些收藏家所说，该网站统计出了“最受欢迎和最有价值的贴纸”的排名。其中，那些流行的、有价值的贴纸，人们对它们的需求最多。这个排名显示，收藏家们主要是在寻找那些印有银色标志的贴纸，比如团队吉祥物或徽章。

如果你相信这个排名，那么所有这些银色贴纸都比普通的足球运动员肖像的贴纸更稀有。但是，这与我个人以往的收藏经验完全不符：那些收藏家会好好保存他们的徽章或吉祥物，我则不会。然而，基于脸书上近4 000张贴纸的研究结果得出的排名与收藏网站的排名正好相反。由此可见，对于脸书上的收藏家们来说，银色贴纸也不稀有。

在这里，我需要补充的一点是，我的数据和脸书上的数据都基于相对少的贴纸。我认为，银色图案之所以在网站上如此受欢迎，主要是因为孩子们喜欢这些贴纸且不想用它们与他人交换，即便他们已经有两种或三种这样的贴纸。当然，这只是一种假设，它只能通过数百名或数千名收藏家的大量统计数据来证明。

我非常期待下一届世界杯和欧锦赛！也许，那时我就能收集到关于贴纸的可靠的统计数据。当然，那时可能还要与互联网上的众多交换平台合作。

如果你是一个贴纸收集狂热者：你现在知道为什么有那么多贴纸会重复了吧，特别是当贴纸的数量较多时，仍会缺少其中的一些种类。那并非因为贴纸制造商生产的某种贴纸的数量少（就像很多人误解的那样）。确切地说，那是数学里的组合学让贴纸的种类看起来分布极其不均等。如果你了解了其中的原理，就不需要再花一大笔钱去填满纪念册了。

习题

习题 36*

在 8 个盒子里分别有相同数量的螺丝钉，现在从每个盒子中分别取出 30 颗螺丝钉。之后，8 个盒子里的螺丝钉数量和最初的 2 个盒子里的螺丝钉数量一样。请你求出每个盒子里原本有多少颗螺丝钉？

习题 37**

303 030 303 的平方（$303\ 030\ 303^2$）除以 303 030 302 的余数是多少？

习题 38***

如下页图所示，在平面中给出两个点 A 和 B，在只使用圆规的情况下，你能在平面中画出点 C 且使它恰好位于点 A 和点 B 的连线上吗？

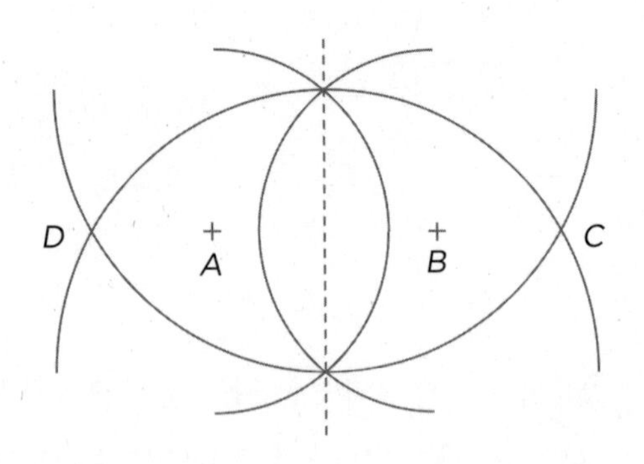

习题 39***

这次掷骰子游戏，我们换一个规则：如果一个人掷出的点数是偶数，那么就用他的分数加这个数；如果是奇数，则用他的分数减去这个数。如果一个人连续掷了 5 次，有两次的点数相同，其余 3 次各不相同。最后，正负分刚好抵消。请问，他掷出了哪些点数？

习题 40****

5 名黑手党成员在午夜时相约在一个漆黑的地方见面，准备进行一场决斗，他们彼此之间所站位置的距离各不相同。零点时，每个人用左轮手枪向他身边的人射击一次，并尽量将对方一招致命。请你证明，至少有一名黑手党成员可以幸存下来。

九、神乎其技：
骰子、纸牌和纸的魔术

我们在前面已经用数字变过魔术了。在本章中，我将作为数学魔术师，通过骰子、纸带、扑克牌、纸币和多米诺骨牌向你展示其他神奇的魔术节目。

幼儿园的孩子们展示的莫比乌斯带让我大吃一惊！你肯定知道它，也许你已经使用过它了：拿出一张长纸条，把纸条的两端放在一起。在将它们粘在一起之前，把纸条的一端旋转180°，这样就出现了一个迷人的作品。

莫比乌斯带没有里外之分。你会注意到，当你把手指放在它的内侧并沿着一个方向移动，然后移动一圈后，手指的位置却到了它的另一侧。这个仅用一张简单的纸条制成的莫比乌斯带却把我们带入了一个自相矛盾的世界！

现在，我们要用莫比乌斯带变一个魔术。为了使效果更明显，我们用三张长纸条制作三种不同的纸条。首先，我们把第一张纸条的两端在不翻转的情况下直接粘在一起，最后的成品看起来像一个圆环。接下来，我们将第二张纸条的其中一端旋转180°，然后再把两端粘在一起，做成一个莫比乌斯带。最后是第三张纸条，我们把其中的一端旋转360°，然后再把两端粘在一起。

纸条越长越窄，越容易完成上述操作。现在到我们展示真正技巧的时候了：沿着纸条上假想的中心线分别剪断这三条纸带。下页图中标出了你需要裁剪的那条线的位置。在第221页的图中，你可以看到一个剪了一半的莫比乌斯带。

© Oliver Mann

莫比乌斯带：既不是内侧，也不是外侧

在剪之前，你觉得接下来会发生什么？我的第一个想法是，如果我沿着中间的这条线剪断纸带，那么我就能得到两条独立的纸带。但我们很快就会发现，三条纸带中只有一条纸带会出现这种情况。

正是第一条末端没有旋转的纸带出现了这一情况，这在意料之中。因为两条相同长度的纸带被剪开后，纸带会分开，分成两个环。第三条旋转了 360° 的扭曲纸带带来了意想不到的惊喜：剪开后，形成了两个相同且扭曲的相互交织的环。

剪开莫比乌斯带得到的是一个更神奇的作品。剪开后，手里是一条封闭纸带，它是原来的纸带的两倍长，同样也是扭曲的。然而，它不再是经典的莫比乌斯带，因为纸带的两端不仅扭曲了半圈，而且相当于扭曲了整整两圈。

纸带使用的时间越长，关于这三条纸带的魔术成功的概率就越高。对于非常长的条带，你几乎无法将莫比乌斯带与那些

魔术：沿着莫比乌斯带的中线剪开

末端扭曲一整圈的条带区分开来。即使是不扭曲的条带，当把它们扭曲或挂起时，人们也几乎无法区分出来。人们剪开三条看似相同的条带，最后的结果却都不同。

将剪刀和莫比乌斯带配合使用，甚至还能产生其他神奇的现象。如果你沿着纵向线剪它，注意不是一分为二，那么它则会分成两条宽度相等的交织带。但是，其中一条是莫比乌斯带的两倍长，较短的那条则是经典的莫比乌斯带。你来试一下吧！

骰子魔术

一般来说，所有包含数字的物品都适合用来演示数学技巧，比如多米诺骨牌、扑克牌、骰子或纸币。基于数学的原理，就可以完成一个难以看透的小技巧。后面你将会了解到一种融合了魔术（手指戏法）和数学的纸牌技巧。

我们先从骰子开始。众所周知，骰子上的点数从1~6，因此所有点数的总和是21（=1+6+2+5+3+4）。下面，我将这六个数分成三组，每组两个数且它们的和为7，这样我就能更容易地计算总和了。

令人惊讶的是，骰子是古人按照当时的原理设计出来的，如今依然适用。在骰子上，与1相对的是6，与5相对的是2，与3相对的是4。因此，两个相对数的和始终是7。显然，骰子的发明者想设计的是一种尽可能简单的对称玩具。

双骰塔

在这里，我将向你介绍关于骰子的第一个技巧，它利用了所有组合的总和是7的原理。请你的游戏伙伴先用三个骰子垒一座骰子塔（参见下页图），你转过身去，然后闭上眼睛。之后，请你的伙伴把骰子塔外侧的可以看到的所有点数相加，但他不能告诉你最终结果。

接下来，你问他骰子塔顶部的点数是多少，假设它是5。你不需要知道其他的点数是多少，因为骰子共有6个相对的面，每个对应面的点数的和是7，所以可以得出6×7+5=47。如果你想让过程变得更神秘一点，就不要立刻说出结果，而是假装在脑子里想象着转动骰子并把它们一个个加起来。“如果这里是5，那么……”

© Oliver Mann

骰子塔：一览无余

此外，还有一种情况，请你的伙伴垒一个由三个骰子组成的骰子塔。其间，你迅速地看一眼顶部骰子的点数。假设它是3。之后，你转过身去，并请你的伙伴把这三个骰子的五面看不到的点数加在一起。它们分别是最顶部骰子的底面点数，以及下面两个骰子的顶部和底部的点数。为了看到这些数，你的伙伴需要把骰子拿起来。这时，你就可以计算 7×3-3=18，然后说出结果。

如果让你的伙伴掷骰子，然后你自己猜结果，就会变得复杂一些。首先，你给他三个骰子，然后转过身去。他抛出三个骰子后，得到三个点数，假设它们分别是 1、3 和 6，相加后得到 10（=1+3+6），这时，你让他选一个骰子，将这个骰子底部的点数加到总和里，然后再次掷骰子。

假设他选了点数 6，那么另一面的点数就是 1，将它加到前面的总和里，即 10+1=11。之后，再次抛这个骰子。假设得到的点数为 2，也加到前面的总和里，即 11+2=13。你的伙伴需要记住这个数。

现在你快速转过身，瞄一眼这三个骰子。虽然你不知道他这两次分别扔的是哪个骰子，但你却知道它们的总和：用三个骰子的所有可视面的点数和，即 1+3+2=6，加上 7，这里的 7 来自那个被抛了两次的骰子。在前面，你已经让你的伙伴把这个骰子的点数与另一面的点数相加，这两个点数加在一起的和是 7。

猜点数

我向你介绍的最后一个与骰子有关的技巧其实是个数字技巧。你背对着观众，让一个观众掷三个骰子。他可以随意掷骰子，然后按照下面的步骤进行计算：

1. 将得到的第一个点数乘以 2；
2. 用第 1 步的结果加 5，并把得到的结果乘以 5；
3. 用第 2 步的结果加第二次投掷的点数，然后将得到的结果乘以 10；
4. 用第 3 步的结果加第三次投掷的点数。

之后，他将最后的结果告诉你，以此你便能说出他每次掷出的点数是多少：用他告诉你的结果减去 250，从而得到一个三位数，它的每位数与三次投掷得到的点数完全对应。如果用 a、b、c 表示这三个数（$1 \leqslant a$、b、$c \leqslant 6$），然后进行计算，你很快就能理解它的原理了，如下所示：

$$
\begin{aligned}
\text{结果} &= [(2a+5)\times 5+b]\times 10+c \\
&= (10a+b+25)\times 10+c \\
&= 100a+10b+c+250
\end{aligned}
$$

对观众们来说，最令人困惑的是，最终结果只显示了第三次的点数 c，即个位上的数。尽管 a、b 是百位和十位上的数，但它们被增加的 250 掩盖了。我认为这是个很棒的技巧！你觉得呢?

疯狂的多米诺骨牌

多米诺骨牌游戏由 28 枚不同的骨牌组成。一整套骨牌始终可以排列成一个封闭环，这样两枚相邻的骨牌在它们的相交处就有了相同的点数，我们将在下面的魔术中利用这一点。你先拿出包含有 28 枚骨牌的整套骨牌，把其中的一枚骨牌悄悄地放到你的口袋里。注意，不要拿那种点面相同的骨牌，如 3-3 就不行，必须拿两面点数不同的骨牌，如 2-4。

© Oliver Mann

多米诺骨牌：28 枚骨牌的戏法

接下来，你把剩下的那 27 枚骨牌交给你的同伴，让他用这些骨牌拼一个封闭环，点面相同的那面挨在一起，就像多米诺骨牌那样。其间，你将藏起来的那枚骨牌上的点数 2 和 4 写在一张纸上，使其背面朝上，放在桌子上，这样的话，其他人就看不到它们了。

几分钟后，你的同伴拼好了这个封闭环：结束时，骨牌的一面是 2，另一面是 4。这时，你把桌子上的纸条翻过来，并念咒语“西玛拉宾”，由此得出纸条上的这两个数正是骨牌的结束点数！你可以重复上述操作，但要记得换一下骨牌，以免封闭环的最后一枚骨牌数完全相同。

这个技巧其实很容易理解：只要有一套完整的多米诺骨牌，就可以组成一个封闭环。如果缺少一枚点数不同的骨牌，这个环就无法闭合，因为封闭环的末端恰好与缺失的那枚骨牌上的两个点数一致。

如果你重置这个封闭环的27枚骨牌的顺序，结果也不会发生变化。除了印有相同点数的骨牌，如1-1或3-3，每个数都对应6种不同的骨牌。如果缺少一枚骨牌，如2-4，那么点数为2的骨牌有5枚，点数为4的骨牌也是5枚。在组成封闭环时，我们会将两枚点数相同的多米诺骨牌放在一起。但如果点数不是6，并且只有5个数字，你就找不到第5枚骨牌的对应骨牌了。在我们所举的例子中，这两个数分别是2和4，它们对应着封闭环的两端。

移动骨牌

多米诺骨牌的第二个技巧基于简单的计数，你也可以用合适的扑克牌来实践这一技巧。在这里，你需要13枚多米诺骨牌，其中两面点数的和在1和13之间：比如0-1、0-2、0-3、0-4、0-5、0-6、1-6、2-6、3-6、4-6、5-6、6-6和0-0。由于最大数是6+6（=12），所以两面完全空白的骨牌的点数的和被认为是13。

将13枚骨牌纵向并排放置在桌子上，看上去像是一条蛇。其中，最左边是1，然后是2，右边是13。之后，把13枚骨牌翻转过去，这样你就看不到它们的点数了。当然，这些准备工作要在没人看到的情况下进行。

现在，你可以开始你的表演了：请一位观众来到你身边，并告诉他如何处理这些骨牌。从这条“蛇”的左端开始，他需要向“蛇”的右端尽可能多地移动骨牌，但最多只能移动 12 枚。接下来，你需要向他演示拿走左边的第一枚骨牌 1，并将它放在右边。紧接着是第二枚，然后是第三枚，如果你愿意的话，还可以放第四枚。不过，你要记得现在左边还有哪些骨牌——骨牌 5。

然后，你转过身，让观众一枚接一枚地移动骨牌。在他完成之后，你只需从“蛇”的右边依次数出 5 枚骨牌并将其翻转过来，它上面的点数就会提示你观众移动了多少枚骨牌。

这个技巧的原理是什么呢？我们假设，在演示中完成移动骨牌之后，骨牌在序列中的顺序如下：

n、$n+1$、$n+2\cdots13$、1　2$\cdots n-1$

这就意味着观众移动了 n-1 枚骨牌，最左边是骨牌 n。如果观众只移动一枚骨牌，则会出现以下情况：

$n+1$、$n+2\cdots13$、1　2$\cdots n-1$、n

你回到桌子边数出 n，发现骨牌上的点数是 1。这个方法非常精准。

如果观众移动了两枚骨牌，那么你就可以在右边找到一枚点数是 2 的骨牌，如果移动了三枚骨牌，那么找到的骨牌点数就是 3……依此类推。虽然经常无法重复这一举动，但却给人留下了深刻印象。

猜猜纸币的编号

魔术师特别喜欢用钱当道具。有什么比从观众的耳朵后面变出钱更有趣的魔术呢？用下面这个技巧，你可以猜出欧元的序列号，它可以是 50 欧元的纸币，也可以是 20 欧元或 10 欧元的纸币。欧元的序列号一般包含一个字母和 11 个数字。在观众们对这 11 位数进行一系列计算并得出结果之后，你可以“猜一下”这个 11 位数是多少。

假设，50 欧元纸币的序列号是 X67925117396。当然，只有观众知道这个数。你可以让他忽略字母 X，只计算其中的 11 位数。首先，他需要按顺序说出所有相邻的两个数的和，还包括第一个数和最后一个数的和，即：

数字 1 + 数字 2、数字 2 + 数字 3、数字 3 + 数字 4……数字 9 + 数字 10、数字 10 + 数字 11、数字 1 + 数字 11

你仔细记下他所说的话。我们以序列号 67925117396 为例，于是你在纸上写下以下数字：

13 16 11 7 6 2 8 10 12 15 12

接下来，你需要计算这 11 个数的交替和，即：

$$13 - 16 + 11 - 7 + 6 - 2 + 8 - 10 + 12 - 15 + 12$$

此外，你也可以这样写：

$$(13 + 11 + 6 + 8 + 12 + 12) - (16 + 7 + 2 + 10 + 15) = 62 - 50 = 12$$

用上面的结果 12 除以 2，得到 6，这与序列号的第一个数完全对应。第二个数是通过用第一个两位数的横加数 13 减去第一个数 6 得到的，即 13-6=7。下面的数字，按照相同的步骤逐个算出，最后你就可以告诉观众们这个 11 位数是多少了。当然，观众们无法像你那样很快理解其中的原理。

为了解释这个方法，我用了从 $a1$ 到 $a11$ 的 11 个变量，它们与纸币的 11 位数完全对应。计算如下：

$$a1 + a2 + a3 + a4 + a5 + a6 + a7 + a8 + a9 + a10 + a1 + a11 - (a2 + a3 + a4 + a5 + a6 + a7 + a8 + a9 + a10 + a11) = 2a1$$

最终的结果 $2a1$ 刚好是序列号的第一个数的两倍。如果我们知道 $a1$ 的值是多少，就可以从已知的两位数的横加数 $a1+a2$

计算出 *a*2 的值，依次算出后面的数。

硬币的秘密

我们不仅可以用纸币变数学魔术，还可以用硬币变魔术，比如下面的这个简单技巧，它需要大量硬币，数量在 20 到 30 枚之间。将它们放在桌上，摆成数字“9”的形状。上方圆圈（9 的上半部分）和下方弧形部分中的硬币间距差不多。

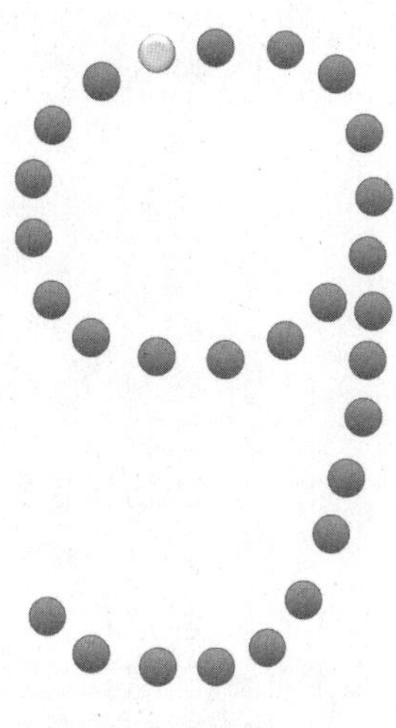

在浅色的硬币下放一张小纸片

让你的观众选一个数，它必须大于“9”下方弧形中的硬币总数。右图中，弧形部分的硬币总数是 11。你简短地告诉观众该如何计算，但在他计数的时候，你需要转过身去。他从弧线部分的左下角那里开始，一枚一枚地数，直到弧线的右上角。当他数到“9”的圆圈部分时，他开始往回逆时针数，直到数到他所选的那个数。

这并没有结束。现在观众从他刚刚达到的那枚硬币开始，沿着“9”的上方圆圈的部分计数，即顺时针数出相同数量的硬币。当他数到他所选的那个数时，他在那枚硬币下面放一张小纸片。

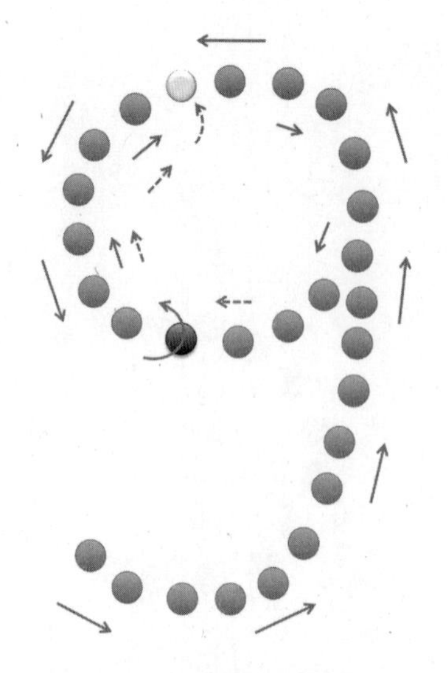

例如：这位观众选了数字 25，他沿着长箭头，一直数到那枚深色的硬币。之后，他从那里重新开始，沿着小箭头数了 25 枚硬币，直到数到那枚浅色的硬币为止。

然后，你转过身，拿起上页图中的那枚浅色硬币，便可以发现那张小纸片。无论观众选择的数字是多少，都是这枚硬币。其实，原因很简单：如果他往回数一圈，当数到“9”的弧形处的交点时，就必须继续数与弧形末端相同距离的硬币。

原因在于，我们已经知道弧形部分的硬币总数是 11，也知道观众会在上方圆圈中的哪个位置沿着圆圈继续计数：在弧形的第 11 枚硬币处。左上图中，这枚硬币的颜色要比其他硬币更亮，所以你可以马上识别出它。

同理，你还可以将这样的计数戏法转化成扑克牌表演。扑克牌正面朝上放在桌上，并摆成数字“9”的形状，然后偷瞄一眼，看哪张牌的位置是圆圈中的第 11 张。首先，观众会告诉你一个数，然后你像数硬币那样数这些扑克牌。在你最后翻桌上的牌之前，你可以先向观众提示它是什么。为了给人留下更深刻的印象，你甚至可以在计数之前预测牌数。

21 选 1

只要有一副扑克牌，你就可以展示多种不同的数学技巧。下面是很多孩子都会的经典游戏，不过他们大多都不知道它的原理。其实，它基于一个巧妙的分类法。首先，把 21 张扑克牌分成三组，每组有 7 张牌。然后，将这 21 张牌正面朝上，三组牌以彼此相邻的方式摆放在桌子上，如下图所示。

纸牌游戏法：21 选 1

观众在心里选了一张牌，只告诉你它在哪组牌中。你把这三组牌拿起来，把观众选的那组放在中间位置，然后将牌的顺序打乱。之后从左上角开始放第一张牌，中间放第二张牌，第三张牌放在最右边，依次左、中、右的顺序摆成三组，这样它们又再次正面朝上摆在桌子上了。这时，观众会再一次告诉你他最初选的那张牌在哪一组。你需要再次重复上面的操作，打乱牌的顺序。

当观众第三次告诉你那张牌位于哪一组时，你就能知道他选的是哪张牌了：从他说的那组牌数，数到第四张恰好是这组牌的中间那张。

或者，你可以再次拿起这三组牌，仍将包含观众选的那组牌放在中间，然后将这些牌一张接一张地背面朝上放回到桌上。这时，你在脑子里默默计数：第 11 张牌，等数到那张牌时，将它的正面露出来，它就是观众选的那张牌。

背后的分类过程其实并不复杂。在第一次拿起纸牌时，观众所选的牌位于那组牌的第 8 张和第 14 张之间。现在，我把纸牌按照上面的顺序放在桌子上，并用两个数表示每张牌所在的位置：从 1-1（第一排左上角）到 3-7（第三排右下角）。重新排列后，观众选的那张牌一定是下面这 7 个位置的其中之一：

2 – 3

3 – 3

1 – 4

2 – 4

3 – 4

1 – 5

2 – 5

假设这张牌位于第一排，只有 1-4 或 1-5 符合条件。我们把三组牌拿起来，此时 1-4 和 1-5 位于中间那组牌的第 11 位和第 12 位，然后再次排序，最终它们位于 2-4 和 3-4 的位置。如果观众指出他选的那张牌就在那组牌中，接下来就可以判断在哪一排的中间位置了。

如果那张牌位于第二排，即中间排，则只有 2-3、2-4 或 2-5 的位置是可能的。当你打乱顺序，再次放置它们时，这三张牌的位置就变成了 1-4、2-4 和 3-4——各自都位于它们那一排的中间。

如果那张牌的最初位置是 3-3 或 3-4，那么在新组合中，它们则位于新位置 1-4 或 2-4 上，同时也是它们所在的那一排的中间位置。这种分类法逐步缩小符合条件的牌的数量：最初有 7 个，然后是 2 或 3 个，最后是 1 个。这的确很便捷，也很巧妙。

整理混乱的纸牌

下面我会介绍一些不同于上面的纸牌游戏，同样令人印象深刻。这是我从一个魔术爱好者那里学来的。前提条件是，我们需要将一副纸牌背面朝上摆放在桌子上。首先，我要把一部分牌翻转 180°，这样就有一部分牌背面朝上，一部分牌背面朝下，看上去我把这些牌搞得很乱。不用担心，我会在某一步中收拾好这个“烂摊子”的，让所有的牌背面朝上。

下面是其中的具体细节：选取一些背面朝上的纸牌，拿起其中的约四分之一，并将这些牌翻转过去，使得它们正面朝上，然后再放回去。现在让我来把它们弄得更乱一些：将约一半的纸牌翻过来，使得它们正面朝上，然后再放回去。最后，我会将约四分之三的牌翻过来，然后放到剩余的纸牌上。

“现在纸牌彻底乱了，”我告诉观众，“但我会在后面的某一步中将它们变整齐。”我在这堆牌中间的某个位置将其翻开，让两张牌背对背放置。在我把它们重新堆到一起之前，我把这堆牌的上下两半分开，并把上面的牌翻过来。

现在我们可以看到一个很有意思的“戏法”，你敲一下这堆牌，然后向它吹气，这一定是你一直想做的吧。然后，我将堆叠的纸牌的背面朝上铺在桌子上，虽然它们被混乱地放置了三次。下图演示了拿起或翻纸牌时会发生什么。

下图中最左边的纸牌堆展示了第一次拿起后的情况。顶端四分之一的牌正面朝上，落在下面的纸牌背面上。观察一下，看第二次拿起时发生了什么：拿起的牌的下半部分牌背面朝上，与上方牌的方向正好相反。当我把这堆纸牌翻过来时，我将之前翻过去的牌再翻回来，使其背面朝上。

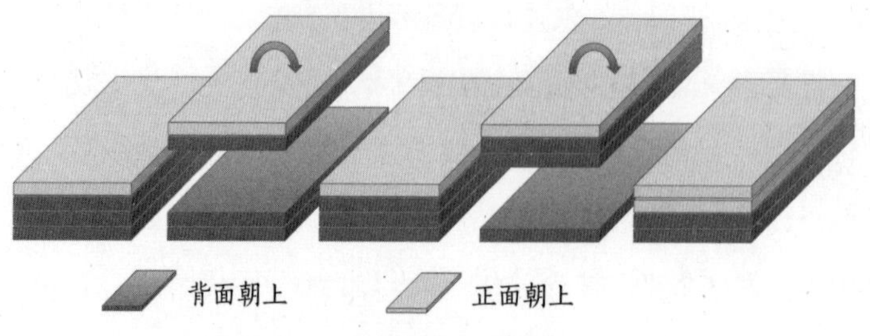

看起来混乱的纸牌

从上页图中可以看出，类似于最左边的那堆纸牌。如果我在下一步中拿起四分之三的纸牌翻过来，那么上半部分牌正面朝上，下半部分牌背面朝上。

现在，我将整堆牌准确地按照那两张牌背对背贴在一起的位置分开，然后把上半部分牌翻过来，所有纸牌再次处于相同的方向。我通过举起和翻转三次造成的所谓的混乱在结果中并没有出现。因此，我可以一步一步地整理好所有的顺序。这看上去很棒，对吧？

9 牌绝技

接下来的这个纸牌技巧需要使用横加数，我们借助它能快速地算出数字除以 9 后的余数。让人开心的是：我们要先从牌堆中选一张与我们要计算的数相对应的牌。

我们需要一副52张的纸牌，上面的数字从2到10，包括J、Q、K 和 A。观众将这 52 张牌随意分成三堆。一堆放在你旁边，你算一下身边这堆牌的横加数，并用 16 减去这个数（如果横加数大于或等于 7）或者用 7 减去这个数（如果横加数小于 7）。例如，这堆牌由 19 张纸牌组成，那么横加数为 10，16 减去 10 之后，得到 6。

注意，接下来的步骤大多数情况下会成功，但并非总是如此。首先，你在这堆牌中找出一张牌面数与刚刚计算出的数字相同的牌，即 6。你应该可以在那堆数量有 15~20 张的纸牌里找到它，然后将这张牌拿出并将其背面朝上放在桌子上。

接下来，你与观众一起逐个计算其他两堆牌的横加数，并算出这两个横加数的和。如果一切顺利，得到的总和会与刚才放在一边的那张牌的牌面数相同。当你把那张牌正面朝上翻过来时，所有人一定会震惊的。

那些精通横加数计算的人当然知道这里发生了什么。实际上，这与除以 9 所得的余数有关。在这里，一共有 3 个余数：计算第一堆纸牌以及后面两堆纸牌时产生的余数。余数的总和对应 52 除以 9 时的余数，正好是 7（=5+2）。

如果我们计算出 7 或 16 减去第一堆纸牌的横加数的结果，则可以精确地计算出剩余两堆牌数除以 9 的余数。实际上，由于这些牌分布在两堆纸牌中，所以我们在单独计算它们的横加数时并不会影响整体的结果。

真正的魔术师技巧

接下来是本章的最后一招，也是本书的最后一招，将数学与灵活的手指相结合，并以魔术师的身份将其表演出来。我已经学会了这一招，两者的结合使它变得如此神奇，而且很难被看透。

我们依然需要一副 52 张的纸牌，但不包括小丑牌，因此牌面分别是 2、3……10、J、Q、K 和 A。在演示之前，你需要告诉观众这 13 张不同牌的价值：A 代表 1、2 代表 2、3 代表 3……10 代表 10、J 代表 11、Q 代表 12、K 代表 13。

现在观众从中拿出一张牌，你要记住是哪张牌，然后再请他把这张牌放回去。这时，就需要展示你灵活的手指技法了：拿起这堆牌中一半的纸牌，让观众将他选的那张牌放在这堆牌的下半部分，然后你再将手中的上半部分纸牌放回去。实际上，从观众的角度来看，你似乎是将纸牌放下去了。

然而，观众们看不到的是你用指尖悄悄地把纸牌的上下两部分分开了。之后，你再次拿起上半部分纸牌，然后放到剩余的下半部分纸牌的下面。此刻，观众选的那张牌就位于这堆牌的顶部，也就是我们要找的那张牌。

为了完美地呈现这个魔术，你现在需要先洗一下牌。不过需要注意的是，观众选的那张牌要保持在顶部的位置不动。如果你的洗牌技术非常高超，那就更容易成功了。因为观众们会以为那张牌在纸牌的中间位置，而且没有一点怀疑。

接下来，数学的部分就开始啦。你先将这些牌分成 3 堆，第一堆必须由 12 张牌组成，而且观众选的那张牌必须保持在顶部位置，其他两堆牌的高度不重要。现在请观众从每堆牌中抽出一张牌。注意，要确保他没有抽走第一堆最上面的那张牌！然后，你把观众取出的这 3 张牌并排放好，并解释说：“这 3 张牌可以帮助我们找到我们需要的那张牌。”

数字 13 的魔力：经典数数戏法

在奇迹时刻到来之前，你还有 4 个步骤要做，如下。

1. 把三堆牌一起拿起来，并把纸牌数量为 11 张的第一堆牌放在最底部。

2. 可以在 3 张正面朝上的牌上分别加几张牌，保证每堆牌朝上的牌面值与添加牌数量的总和是 13，即最左边那堆牌面值为 3 的上面应该再放 10（= 13 － 3）张牌，旁边的 J（牌面值为 11）需要 2 张牌，右边的 8 则需要 5（= 13 － 8）张牌，如上图所示。

3. 你需要在心里算出这 3 张牌的牌面值的总和，即 3 + 11 + 8 = 22，并记下这个数。

4. 从剩余牌堆中数出 22 张牌，并把第 22 张牌翻过来，它就是观众选的那张牌！

最后的纸牌技巧对我来说同样精彩。为了不破坏它的神秘性，此时我暂不透露这个秘密。不过我们可以试着找出它的原理是什么，这正是本章的习题第 45 题，你可以在本书的最后找到它的答案。

我希望，你会和我一样喜欢这些令人兴奋和震惊的技巧。如果你想要了解更多技巧，我向你推荐马丁 · 加德纳的著作，他像收集邮票一样收集了很多数学技巧和数学谜语。你只需记住数学有时就是如此不可思议，像变魔术一样。不过你只要经过一番思考，就可以发现它们的秘密！

习题

习题 41**

请一个观众在纸上任意写一个四位数，比如 3 485。你快速看一眼这个数，并在纸上写下 23 483，但不要给别人看，然后把这张纸折起来放在桌子上。“现在我们用他给出的这个数进行几步运算，”你说，“不过我已经知道结果是什么了。”观众此刻可以再随意写两个四位数，你在他每次写数字之后分别加一个自己选的数，最后你把所有的数字相加，得到的结果是 23 483。

计算示例如下：

观众的第一个数字：	3 485
观众的第二个数字：	7 852
你的第一个数字：	2 147
观众的第三个数字：	4 305
你的第二个数字：	5 694
总和：	23 483

请证明，这种数字魔术的原理是什么？

习题 42**

请你的观众掷两次骰子，同时你要转过身去，不可以看投掷的结果。接下来，观众开始进行下面的计算：把第一次掷骰子得到的点数乘以 2，然后再加 5；上一步的结果乘以 5 再加上第二次掷骰子的点数，之后告诉你结果。此时，你可以立刻说出两次掷骰子的点数，这是为什么呢？

习题 43***

请你计算 1~100 的所有数的横加数的总和。

习题 44***

在这一章里，我介绍了关于欧元的 11 位序列数的数字戏法，但美元的序列号只有 8 位数，你要怎样做才能使这个戏法同样适用呢？

习题 45***

这一章的最后所介绍的扑克牌魔术的原理是什么？

附录　五边形证明

让我们来看一下，一个正五边形和它内部的正五角星中的角度具有怎样的关系。

正五边形的每个内角均是 108°，要算这个角其实很容易，只需将五边形的每个角分别与中心连线就可以了，如下图所示。以中心点 M 作为顶点的 5 个角的度数都是 72°，因为 72° × 5=360°。因此，这些等腰三角形的底角是 54° [=（180°-72°）/2]。每个正五边形的内角由两个这样的角组成，因此它必须是 54° × 2=108°。

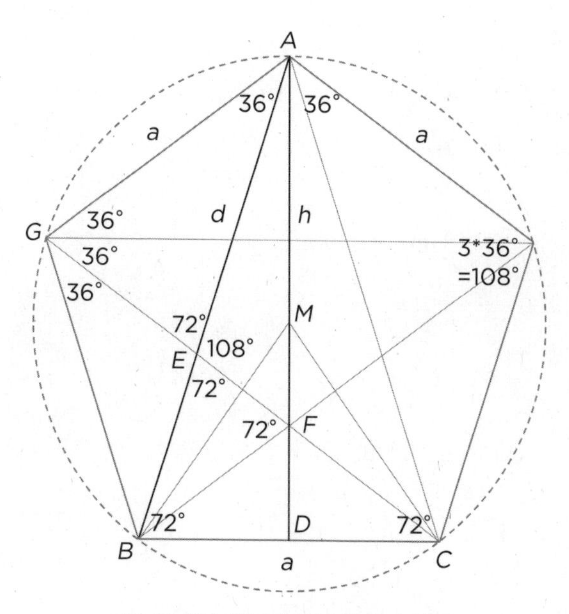

正五边形和正五角星中的角度关系

只要我们将正五边形中的五条对角线都画出来，五角星便出现了。这些对角线的长度我们用 d 来表示，比如线段 AB 和 AC 就是其中的两条。从一个内角发出的两条对角线将该内角 108°分成 3 个相等的角，即 36°，例如，在三角形 AGB 中就是如此。三角形 AGB 是等腰三角形，并且角 G 为 108°，如此一来，就可以得出角 A 和角 B 分别是 36°[=（180°-108°）/2]。五边形的边长按之前的惯例标记为 a（= 线段 BC）。接下来，我们看一下上页图中的三角形 ABC 和 AGE，E 是对角线 AB 和 GC 的交点。两个三角形的各对应角的大小完全相等：顶角是 36°，两个底角都为 72°。由于两个底角的大小相等，而且这两个三角形又都是等腰三角形，因此可以得到以下结论：

$$AG = AE = a$$

$$AB = d = AE + BE = a + BE$$

$$BE = d - a$$

此外，GE 与 BE 的长度完全相等，因此我们得到：

$$GE = d - a$$

由于这两个三角形的相似性，所以以下比例关系成立：

$$\frac{BC}{AB} = \frac{GE}{AG}$$

现在，我们将 a 和 d 代入等式中，得到：

$$\frac{a}{d}=\frac{d-a}{a}$$

由此可以推导出：

$$d^2-a\times d-a^2=0$$

由上面的等式我们可以得到正数解：

$$d=\frac{a}{2}\times(\sqrt{5}+1)$$

接下来，我们求五边形的高 h，由于它的对线段为 AD，所以根据毕达哥拉斯定理可以得出：

$$d^2=h^2+\frac{a^2}{4}$$

$$h^2=d^2-\frac{a^2}{4}$$

$$=\frac{a^2}{4}[(\sqrt{5}+1)^2-1]$$

$$=\frac{a^2}{4}(5+2\times\sqrt{5}+1-1)$$

$$h=\frac{a}{2}\times\sqrt{5+2\times\sqrt{5}}$$

证明很快就要完成了。以 a 为参照，我们已经算出了 d 和 h 的长度。现在，我们还缺少五边形周长半径 r 的公式。

根据毕达哥拉斯定理，下面的等式在三角形 BDM 中成立：

$$r^2 = \frac{a^2}{4} + (h - r)^2$$

我们将它转化为对 r 的表达式：

$$2 \times r \times h = \frac{a^2}{4} + h^2$$

$$r = \frac{1}{2h} \times \left(\frac{a^2}{4} + h^2\right) = \frac{a^2}{8h} + \frac{h}{2}$$

现在我们将表达式 $h = \frac{a}{2} \times \sqrt{5 + 2 \times \sqrt{5}}$ 代入这个等式中，从而得出一个不太简单的表达式：

$$r = \frac{a}{4\sqrt{5 + 2 \times \sqrt{5}}} + \frac{a \times \sqrt{5 + 2 \times \sqrt{5}}}{4}$$

$$= \frac{a}{4} \times \frac{1 + 5 + 2 \times \sqrt{5}}{\sqrt{5 + 2 \times \sqrt{5}}}$$

$$r = \frac{a}{2} \times \frac{3 + \sqrt{5}}{\sqrt{5 + 2 \times \sqrt{5}}}$$

我们现在需要证明上述中的 r 和 a 之间的关系与我们在第43页中计算出的有关五边形边长的结论是同一个结论。之前我们得出的边长的结论为：

$$a^2 = r^2 \times \frac{5 - \sqrt{5}}{2}$$

我们将上面刚刚推导出的表达式转换为对 a 的表达式，并且将等式平方得到下面的等式：

$$a^2 = \left(2r \times \frac{\sqrt{5 + 2 \times \sqrt{5}}}{3 + \sqrt{5}} \right)^2$$

$$= r^2 \times \frac{4(5 + 2 \times \sqrt{5})}{(3 + \sqrt{5})^2}$$

现在就只需证明下面这个等式成立就可以了：

$$\frac{4(5 + 2 \times \sqrt{5})}{(3 + \sqrt{5})^2} = \frac{5 - \sqrt{5}}{2}$$

我们可以通过一个简短的计算来证明它，在计算中我们用等式中的分子乘以两边的分母：

$$2 \times 4(5 + 2 \times \sqrt{5}) = 8(5 + 2 \times \sqrt{5}) = 40 + 16 \times \sqrt{5}$$

$$= 70 - 14 \times \sqrt{5} + 30 \times \sqrt{5} - 30$$

$$= (14 + 6 \times \sqrt{5})(5 - \sqrt{5})$$

$$= (9 + 6 \times \sqrt{5} + 5)(5 - \sqrt{5})$$

$$= (3 + \sqrt{5})^2(5 - \sqrt{5})$$

这一计算可以帮我们证明，通过我们的方法确实可以画出一个五边形，它的边长 a 和外切圆半径 r 之间的关系与正五边形相符。也就是说，这种方法确实可以直接得到所求的那个正五边形。

习题答案

习题 1*

4 个自然数的和是一个奇数，请你证明这 4 个数的乘积是偶数。

这 4 个数一定不全是奇数，否则它们的和为偶数。因此，4 个数中至少有一个是偶数，而它们的乘积也是偶数。

习题 2**

卡琳有 7 块巧克力：4 块牛奶巧克力、2 块黑巧克力和 1 块坚果巧克力。她想送给她男朋友 3 块，自己留 4 块。有多少种搭配的可能性？

卡琳需要从 7 块巧克力中选择并赠送出其中的 3 块，因此她一共有 6 种选择：

1. 1 块坚果巧克力 + 2 块黑巧克力；
2. 1 块坚果巧克力 + 2 块牛奶巧克力；
3. 1 块坚果巧克力 + 1 块牛奶巧克力 + 1 块黑巧克力；
4. 2 块黑巧克力 + 1 块牛奶巧克力；

5. 1 块黑巧克力 + 2 块牛奶巧克力；

6. 3 块牛奶巧克力。

习题 3***

请证明下面两个两位数相乘的计算方法成立：它们的十位数相同且个位数的和等于 10，最终的计算结果是十位数 ×（十位数 + 1），后面附加两个因数个位数的乘积。

如果 a 和 b 是一位数的自然数（$a>0$），$10a+b$ 和 $10a+10-b$ 是给定的两个数，那么计算过程如下：

$$(10a+b)\times(10a+10-b)=100a^2+100a-10ab+10ab+10b-b^2$$
$$=100a(a+1)+b(10-b)$$

因为 b 和 $10-b$ 分别是相乘的两个数的个位数，所以该结果完全符合题中的计算规则。

习题 4***

两个两位数的十位数的和为 10，个位数相同。为什么下面这个技巧可以用来计算两个数的乘积？将它们的十位数相乘，乘积加上它们共同的个位数。在上一步的结果后面附加两个因数个位数的平方。

如果 a 和 b 是一位数的自然数（$a>0$），$10a+b$ 和 $10(10-a)+b$ 是两个给定的数，那么计算过程如下：

$$
\begin{aligned}
(10a+b)\times[10(10-a)+b] &= (10a+b)\times(100-10a+b)\\
&= 1\,000a-100a^2+10ab+100b-10ab+b^2\\
&= 100(10a-a^2+b)+b^2\\
&= 100[a(10-a)+b]+b^2
\end{aligned}
$$

结果完全对应于所使用的公式，因为 a 和 $10-a$ 分别是两个数中的十位数。

习题 5****

请证明下面的技巧适用于计算一个纯位数与 9 的乘积：

$$
\begin{aligned}
8\,888\times 9 &= 7\mid 999\mid 2\\
&= 79\,992
\end{aligned}
$$

假设 a 为该纯位数的每位数上的数字，那么该计算式可以改写为乘积，如下所示：

$$
\text{乘积} = (a\times 10^n + a\times 10^{n-1} + a\times 10^{n-2} + \cdots + a\times 10 + a)\times 9
$$

$$= 9a \times 10^{n} + 9a \times 10^{n-1} + 9a \times 10^{n-2} + \cdots + 9a \times 10 + 9a$$

因为$a<10$，所以乘积$9a$（$=9\times a$）是一个两位数，其中十位上为$a-1$，个位上为$10-a$。如果$a=1$，那么十位数为$0(=a-1)$，也就是说该数此时是个位数。

接下来，我们将$9a=10(a-1)+10-a$代入等式，并从最右边开始重新给所有10的整数幂排序。我们将公式中的$10-a$留在个位，而项式$(a-1)\times 10$则平移到左边的十位上，此时十位上的$(a-1)\times 10$则变成了$a-1$。同理，由于我们把其中的$10(a-1)$移到了百位，原本十位上的数$10(a-1)+10-a$变成了百位的$a-1$。这样一来，此时十位上则是保留下来的$10-a$和从个位上移过来的项式$a-1$，而它们的和恰好为9！

同理，由此向左所有余下的10的整数幂，每位上的数字都进行10-1和$a-1$相加等于9的计算。这样的话，最左边的$9a\times 10^{n}$计算后同样会得到数字9，而且在此基础上还会形成新的10的整数幂，即$(a-1)\times 10^{n+1}$。

由此，我们可以总结得出：最后的结果有$n+2$位数，左起第一位数为$a-1$，其次是n个数字9，最后的个位数是$10-a$。

由于$a-1$和$10-a$恰好是9与a的乘积的十位和个位上的数字，所以我们便成功证明了它的运算技巧。

习题 6*

如果矩形的一组边长延长了 50%，你需要把另一组边长缩短百分之多少，才能使矩形的面积保持不变?

求矩形面积的公式为 $A = a \times b$。如果我们将 a 延长 50%，那么延长后的长度为 $1.5a$。因此我们必须将 b 缩短至 $b/1.5$，才可以使矩形的面积保持不变。此时 b 的长度是原始长度的 66.7%，因此缩短的比例为 33.3% 或 1/3。

习题 7**

正 n 角形的每个内角是多少度?

如果我们将 n 角形的中心点与它的 n 个顶点相连，便会得到 n 个等腰三角形。这些三角形的顶角的大小为 $360°/n$。每个等腰三角形的底边上都有两个大小相等的底角，它们的和正好与三角形的内角相等。由于三角形的内角和为 180°，因此正 n 角形的每个内角为 $180°(n-2)/n$。

习题 8**

如果时钟的指针指示时间是 16:20，那么此时时针与分针之间的夹角是多少度?

20 分钟的时间分针可以绕表盘（360°）转动三分之一，此时它所走的夹角为 120°。时针每小时可以走整个表盘的十二分之一，即每小时走 30°。16 点钟的时候，时针从 12 点开始算走了 120°，到 16 点 20 分的时候，它又多走了 30°的三分之一，即 10°。因此 10°（=130°-120°）就是所求的角的大小。

习题 9***

如右图所示，以正方形的每条边为基点，向外各画一个等腰三角形，而且每个三角形的面积都与正方形的面积相同。那么在最后形成的四角星里，两个相对角点之间的距离是多少？

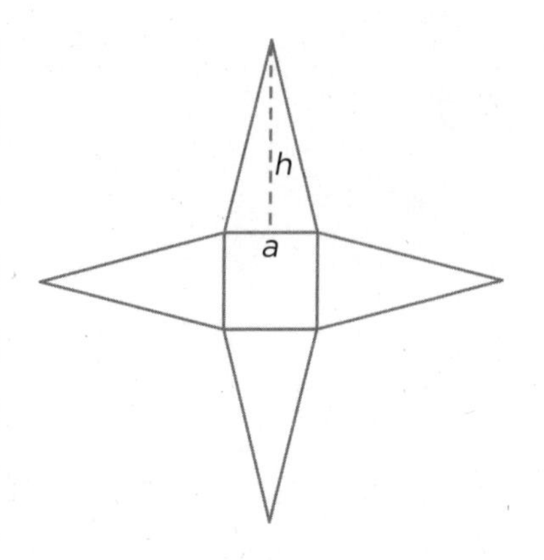

假设正方形的边长为 a，面积是 a^2。由此作图所得的三角形高为 h，面积为 $ah/2$，可知 $h=2a$。因此，两相对角点之间的距离为 $5a$。

习题 10****

给定一个 63°的角（参见下页图），请你只使用圆规和直尺将该角三等分，在平分的过程中不可以折叠纸张。

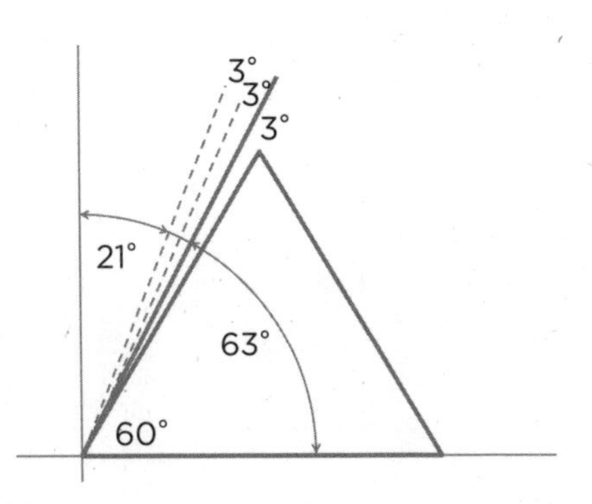

我们以给定角的顶点为定点画一个等边三角形，同时让三角形的一条边与该角的一条边重合。因为等边三角形的内角为 60°，所以等边三角形的边与我们即将三等分的角的第二条边之间的夹角为 3°（=63°-60°）。

此时，我们借助角度差得到一个 3°的角，以此角为基准依次向给定角的外侧画 2 个 3°角，使我们的总角度变成 69°(=63°+2×3°)。如此一来，这个 69°的角与 90°正好相差 21°，它即是所求角的大小。我们还需要为给定角的顶点画一条向下的垂线，所求的角就得到了。

习题 11*

如何判断一个数能否被 16 整除?

你要做的只是观察后四位数，因为 10 000 以及它所有的整数倍都可以被 16 整除（10 000=16×625）。

习题 12**

下列哪些数可以被 55 整除？

3 938

2 512 895

4 541 680

3 938 的最后一位数不是 5，由于 55=5×11，因此它不能被 55 整除。

2 512 895 可以被 5 整除，因为它的交替横加数为 0（=2-5+1-2+8-9+5），因此可以被 11 整除。由此可知，该数也可以被 55 整除。

4 541 680 可以被 5 和 11 整除（交替横加数 = 4-5+4-1+6-8+0=0），因此它可以被 55 整除。

习题 13**

下列数能被 7、11 或 13 整除吗？

15 575

258 262

24 336

65 912

22 221 111

这道题我们用“1001 法”来解答，如下所示：

~~15~~ 575

 - 15

 = 560

因此，560 可被 7 整除（7×80=560），但不能被 11 或 13 整除。

~~258~~ 262

 - 258

 = 4

因此，258 262 不是 7、11 和 13 的整数倍，不能被它们整除。

~~24~~ 336

 - 24

 = 312

7 和 11 不是 312 的除数，但 13 是（13×24=312），所以 24 336 不能被 7 或 11 整除，但能被 13 整除。

~~65~~ 912

– 65

= 847

7 和 11 是除数，13 不是，所以 65 912 能被 7 或 11 整除，但不能被 13 整除。

~~22~~ 221 111

– 22

= ~~199~~ 111

– 199

= – 88

22 221 111 可以被 11 整除，但不能被 7 或 13 整除。

习题 14**

m、n 均为自然数，请你证明：当 $100m+n$ 被 7 整除时，$m+4n$ 也能被 7 整除。

依据题目，我们可以得出等式 $100m+n=7k$（k 为任意自然数）。我们将其转换为对 n 的表达式，即 $n=7k-100m$，将它代入表达式 $m+4n$ 中，从而得出：

$m + 28k - 400m = 28k - 399m$

在等式中，28（$=7\times4$）和 399（$=7\times57$）都是 7 的倍数，因此 $m+4n$ 可以被 7 整除。

习题 15****

请你找出除以 5、7 和 11 之后，余数都是 1 的最小质数。

因为 5、7 和 11 是互质的，所以所求质数一定满足表达式 $p=5\times7\times11\times n+1=385n+1$（$n$ 为任意自然数）。此外，任何大于 3 的质数都可以写成 $6m+1$ 或 $6m+5$（m 为任意自然数）的形式。首先我们假设质数的形式为 $6m+5$，可以得到下面的等式：

$$385n + 1 = 6m + 5$$
$$385n = 6m + 4$$

因为 385 是奇数，$6m+4$ 是偶数，所以 n 一定是个偶数。

我们再看另一种情况，此时假设该质数 $=6m+1$，等式如下：

$$385n + 1 = 6m + 1$$

$$385n = 6m$$

同样，在第二种情况里 n 也必为偶数，所以我们可以定义 $n=2k$（k 为任意自然数），此时得出所需质数的表达式为 $385\times2k+1=770\times k+1$。现在让我们试一下是否可以用这个表达式找到一个质数。我们将 k=1、2、3、4、5 分别代入公式，由此得到 771、1 541、2 311、3 081 和 3 851。771 和 1 541 不是质数，但 2 311 是质数。因此，它就是所求的在除以 5、7 和 11 后，余数都是 1 的最小质数。

习题 16*

有一个小丑，他有黄、橙、绿、蓝和紫这几种颜色的鞋带和领带。他想要系两根颜色不同的鞋带，同时搭配一条与鞋带颜色不同的领带，请问一共有多少种不同的组合方式呢？（左右两根鞋带互换也算一种组合方式）

一共有 5 种颜色，所以第一种鞋带有 5 种可能性，第二种鞋带有 4 种可能性，领带有 3 种可能性。所以一共有 60（$=5\times4\times3$）种选择。

习题 17*

a 和 b 都是有理数，且 a 和 b 都大于 2。请证明，$ab>a+b$ 成立。

我们用公式将 a 和 b 表达为 $a=2+s$（$s>0$）和 $b=2+t$（$t>0$），得到 $ab=(2+s)(2+t)=4+2s+2t+st$。由此我们计算得出 $a+b=4+s+t$，所以 $ab>a+b$。

习题 18**

如右图所示，假如你有一双鞋，两只鞋都有六对鞋孔，同侧的两个相邻的鞋孔之间的距离是 1 厘米，左右两侧的鞋孔之间的距离是 2 厘米，而你想将鞋带系成传统的交叉绑法。如果要求最后从顶端鞋孔穿出的鞋带距离鞋带的两端分别是 15 厘米，那么鞋带的总长是多少？

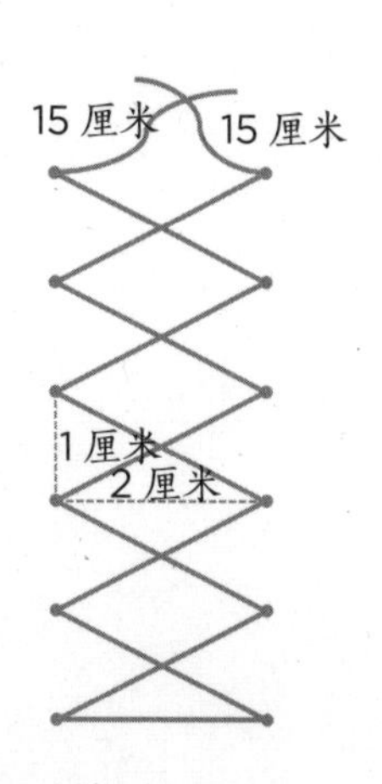

首先连接最下面的那对鞋孔需要 2 厘米长的鞋带。接下来，需要加上从一侧的鞋孔连接到邻近靠上的对侧鞋孔的鞋带长，由于总共有 6 对鞋孔，我们则会有 10 条这样的斜线连接。

根据毕达哥拉斯定理，每条这样的斜线的长度为

$\sqrt{2^2+1^2}=\sqrt{5}$厘米。最后两端富余的鞋带长度的总和是 30 厘米。因此，鞋带的总长是 $32+10\times\sqrt{5}=54.36$ 厘米。

习题 19***

三对鞋孔，有 42 种系鞋带的方法，下图展示了其中的 16 种，请你对下图中的这 16 种情况通过镜像或旋转的方式找出其余的 26 种方法。

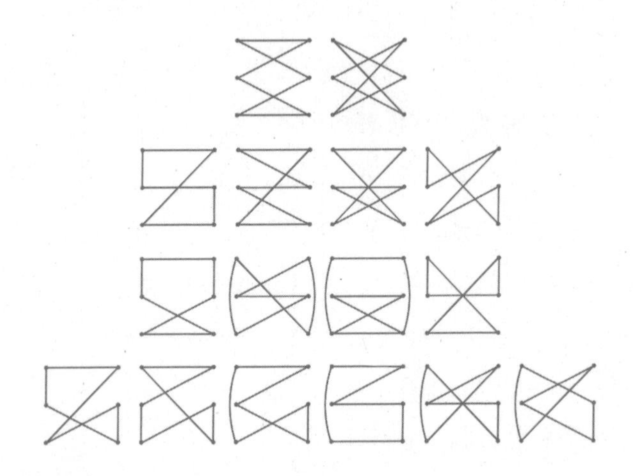

自上向下，首先看上图中第二行和第三行的这 8 种系法，我们通过简单的镜像可以得到 8 种新系法。最下排的这 6 种系法，我们可以从每种中再演化出 3 种系法，也就是一共 18 种方法。

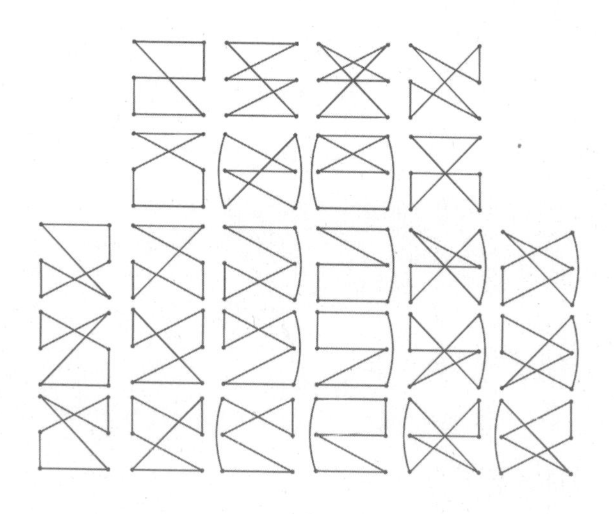

习题 20***

请问，有没有这样一个多边形，它的对角线的个数是内角数量的三倍?

对角线是一条将一个顶点连接到另一个顶点的线段，而连接左右两个相邻角点的线是多边形的边，不是对角线。因此，也就是说对于 n 角形的 n 个角点来说，每个角点都存在 n-3 条对角线——这里我们要减去从它们出发到两个相邻点的连线，该点也需要从 n 中减去。因此，一个 n 角形共有 n（n-3）/2 条对角线。如果其结果不除以 2，则是把每条对角线都重复计算了一次，所以 n（n-3）/2=3n。根据题意，我们将等式计算变形为 n^2=9n。由于 n 为正数，所以唯一解是 n=9。

习题 21*

一个坏蛋偷了一个钱包，钱包里有一张银行卡和一张钱包主人的名片，上面写了一行字“Der Vater Siebt Dukaten”（上帝筛选杜卡特）。根据这句话，小偷成功地取出了卡里的钱，他是怎么想出密码的呢？

这句话“Der Vater siebt Dukaten”应该是用单词中的前几个字母作为 4 位密码的编码。由于它们的对应关系如下（括号中是该数字在德语中的拼写）：Der=3（drei）、Vater=4（vier）、Siebt=7（sieben）、Dukaten=3（drei），因此可知密码是 3473。

习题 22**

你问道：“您的电话号码是多少？”

记忆艺术家回答道：“Ein Bett steht lichterloh brennend auf dem Damm. Das Feuer ist geformt wie eine Rose.”（一张床在堤坝上熊熊燃烧，火的形状像一朵玫瑰。），所以你知道他的电话号码是多少吗？

答案是 91 138 440。在“主系统”（Major-System）的编码表中，床（Bett）代表 91，堤坝（Damm）代表 13，火（Feuer）代表 84，玫瑰（Rose）代表 40。

习题 23**

请你找出所有满足等式 $2a+3b=27$ 的自然数对（a，b）。

我们把 $3b$ 代入到等号的另一边并提取出因数 3。

$$2a = 27 - 3b$$

$$2a = 3(9 - b)$$

因为 a 必须是 3 的整数倍，所以我们把 $a = 3n$ 代入方程式中，得到：

$$2n = 9 - b$$

由此可知，本题的答案中的 b 必为奇数，也就是说可能的数字包括 1、3、5、7 和 9。因此，所求的自然数对为（12，1）、（9，3）、（6，5）、（3，7）和（0，9）。

习题 24**

为什么平方数的个位数永远不会是 7？

如果 a 是任意大于零的自然数，b 是一位数的自然数，那么任何自然数都可以用公式 $10a+b$ 表示，其中 b 是该数的个位数。如果是求该数的平方，我们就可以得到表达式 $100a^2+20ab+b^2$。由此可见，平方数的个位数与 b^2 的个位数为同一个数。个位数的平方以0、1、4、9、6或5结尾，因此平方数永远不会以7结尾。此外，它也不会以2、3或8结尾。

计算一个数的平方时，结果的个位数是多少完全取决且仅取决于该数的最后一位数。

习题 25***

请你证明：三角形周长的一半始终大于它三边中的任何一边。

已知在三角形中，两边长的和总是大于第三条边长。我们假设最大边长为 c，由上述表达可知 $a+b>c$。现在，我们在不等式两边都加 c，并将两边各除以2，由此得到（$a+b+c$）$/2>c$。

由此我们即证明了三角形周长的一半大于三角形最长边的边长。进而，我们便可知周长的一半也一定大于另外两条边长。

习题 26*

请你证明，在因数为12的乘法运算中，使用特拉亨伯格速算法始终可以得到正确的结果。

当我用笔算计算乘以 12 的运算时，我会将这个数以竖列排列的方式写三遍，只有其中一个向左移动一位数。

但在计算总和时，我会在计算每位数的同时，把原本的这位数乘以 2 并加上它右边相邻的那个数，这正是因数为 12 时的特拉亨伯格速算法则。

习题 27**

请你证明，当两位数与两位数相乘时，使用向量积乘法可以得出正确答案。

假设这两个数的形式分别为 ab 和 cd，其中 a、b、c 和 d 都是一位数的自然数。它们的乘积可以表达为 $(10a+b)\times(10c+d)=100ac+10(ad+bc)+bd$。这完全与叉积的计算规则对应。

习题 28***

请你证明，特拉亨伯格速算规则适用于乘以 6 的计算：将数字与其右侧的数字的一半相加，如果该数字是奇数，需再加一个 5。

我们以一个四位数字为例来证明这一规则的有效性，它的

四位数上分别为 a、b、c 和 d。诀窍是将 6 分成 5+1，同时将 5 写成 $1/2\times10$ 的形式，计算如下：

$$
\begin{aligned}
\text{乘积} &= (1\,000a+100b+10c+d)\times6 \\
&= (1\,000a+100b+10c+d)\times(1+\frac{10}{2}) \\
&= 1\,000a+100b+10c+d+\frac{a}{2}\times10\,000+\frac{b}{2}\times \\
&\quad 1\,000+\frac{c}{2}\times100+\frac{d}{2}\times10
\end{aligned}
$$

现在我们把相同的 10 的整数幂进行合并同类项：

$$
\begin{aligned}
\text{乘积} = \frac{a}{2}\times10\,000+\left(a+\frac{b}{2}\right)\times1\,000+\left(b+\frac{c}{2}\right)\times \\
100+\left(c+\frac{d}{2}\right)\times10+d
\end{aligned}
$$

这一结果完全对应规则中的第一部分。但如果数字是奇数，那么我们加的这个 5 从哪里来？其实很简单。例如，假如 d 是奇数，我们可以从表达式 $c+d/2$ 中提取 1/2，这样一来，在这一位上我们所计算的 $d/2$ 就是整数形式。与 $c+d/2$ 一样，提取出 1/2 的因素也有 10，所以它变成了 5，并从十位数上移到右边的个位数上。

习题 29****

请你证明，特拉亨伯格速算规则适用于乘以 9 的计算。右边的数字：用 10 减去该数字；中间的数字：先用 9 减去该数字，然后再加上其右侧的数字；左边的数字：用其右侧数字减去 1。

依据题意，我们可以写出 9=10-1，将其代入到与四位数 $abcd$ 相乘的算式中：

$$
\begin{aligned}
\text{乘积} &= (1\,000a + 100b + 10c + d) \times (10 - 1) \\
&= 10\,000a + 1\,000b + 100c + 10d - \\
&\quad 1\,000a - 100b - 10c - d
\end{aligned}
$$

现在我们遇到一个麻烦：该乘积的任何一位数都不能是负数，例如，个位数不可能是 $-d$。但是当 $a>b$ 时，结果中的千位数将是负数。我们通过为每位数从左边借一个 1 来解决这个问题，于是这个 1 在它紧邻的右侧的位置上变成了 10。于是，在算式最右边的 $10d$ 变成了 $10(d-1)$，而借走的这个 10 我们写在 $-d$（它下面一行的右端）前边——$10d-d$ 变成了 $10(d-1)+10-d$！同理，我们把其他项都改写出来：

$$
\begin{aligned}
\text{乘积} &= 10\,000(a-1) + 1\,000(b-1) + 100(c-1) + \\
&\quad 10(d-1) + 1\,000(10-a) + 100(10-b) + \\
&\quad 10(10-c) + 10 - d
\end{aligned}
$$

我们差不多要完成了，现在我们要做的是将10的整数幂的因数归类合并，如下所示：

$$乘积 = 10\,000(a-1)+1\,000(9-a+b)+100(9-b+c)+10(9-c+d)+10-d$$

你看到了吧，特拉亨伯格速算法的原理是巧妙地拆解数字并将它们重新组合的技巧。

习题 30****

请你证明，特拉亨伯格速算法适用于乘以8的计算。规则是，右边的数字：先用10减去该数字，然后乘以2。中间的数字：先用9减去该数字，然后乘以2，再加上该数字右侧的数字。左边的数字：用其右侧的数字减去2。

我们写出8=10-2，并将其代入与四位数字abcd相乘的运算中：

$$\begin{aligned}乘积 &= (1\,000a+100b+10c+d)\times(10-2)\\ &= 10\,000a+1\,000b+100c+10d-1000\times 2a-100\times 2b-10\times 2d-2d\end{aligned}$$

我们现在遇到了与因数为 9 时相同的问题（习题 29）：不允许出现负数，例如，个位数不能为 $-2d$。我们通过为每位数都从左边借一个 2 来解决这个问题，于是这个 2 在它紧邻的右侧位置上变为 20。于是，算式最右边的 $10d$ 变成 10（d-2），而借走的这个 20 则写在 $-2d$（它下面一行的右端）前边。同理，我们把其他项都改写出来：

$$\text{乘积} = 10\,000(a-2)+1\,000(b-2)+100(c-2)+10(d-2)+1\,000(20-2a)+100(20-2b)+10(20-2c)+20-2d$$

我们此时将 10 的整数幂的因数归类合并，之后证明就完成了：

$$\text{乘积} = 10\,000(a-2)+1\,000[2\times(9-a)+b]+100[2\times(9-b)+c]+10[2\times(9-c)+d]+2(10-d)$$

习题 31**

用下列方法，你可以算出某个人的生日：先用这个人的生日乘以 2，然后再加 5，由此得出的结果乘以 50，之后再加生日的月份数。当对方准备告诉你时，你便能立刻说出他生日的月份和日期。你是如何做到的呢?

如果 a、b、c 和 d 都是个位数的自然数，那么生日日期可以表达为 $10a+b$（日数）和 $10c+d$（月数），然后我们进行如下计算：

$$[(10a + b) \times 2 + 5] \times 50 + 10c + d = 1\,000a + 100b + 250 + 10c + d$$

如果我们从中减去 250，将会得到一个小于四位数的数，它的前两位数是生日的日数，后两位数是生日的月份。

习题 32**

你随便想一个数，先用它乘以 37，再加 17。之后用上一步的结果乘以 27，再加 7。最后用上一步得出的结果除以 999。这个除法的余数始终是 466，为什么呢?

我们可以计算等式 $\frac{(37a + 17) \times 27 + 7}{999} = \frac{999a + 466}{999}$。

由此可知，余数总是 466。

习题 33**

随意想三个不同的个位数，将它们两两结合，组成六个两位数，然后加在一起。最后将六个数相加后的总和除以这三个数的和。请你证明，结果始终是 22。

假设三个个位数分别是 a、b、c，两两结合后的六个数分别为 ab、ac、ba、bc、ca 和 cb，那么它们的总和是 $10\times(2a+2b+2c)+2a+2b+2c=22(a+b+c)$。因此，总和除以 $a+b+c$ 的结果始终为 22。

习题 34**

随意想两个三位数，并将它们组合成两个六位数：先将其中一个数放在另一个数前面，组成第一个六位数，再交换两个三位数的顺序组成第二个六位数。求出这两个六位数的差，然后用这个差除以最初的那两个三位数的差，结果始终是 999，为什么呢？

如果这两个三位数字是 a 和 b，其中 $a>b$，那么这两个六位数则为 $1\,000a+b$ 和 $1\,000b+a$，由此得出它们的差是 $999a-999b$。如果我们用这个数除以 $a-b$，得到的结果就始终是 999。

习题 35****

有 12 个孩子在同一年出生，不过他们生日的月份各不相同。我们用每个孩子的生日的月份乘以日期，比如如果生日是 4 月 8 日，即 8 × 4=32。以此算出每个孩子所对应的结果：妮娜 153、海伦娜 128、尼古拉斯 135、马克思 81、卢比 42、汉娜 14、雷欧 300、玛蕾娜 187、阿德里安 130、贝拉 52、保罗 3、莉莉 49。你能算出他们的生日分别在哪天吗？

将每个乘积分解质因数，并记下所有可能的生日。如果一个孩子只能有一个日期，那么我们将删去其他孩子在同一个月的所有日期。由此我们可以一点点地排除可能的日期，直到每个孩子只剩下一个日期。如下表所示：

姓名	乘积	分解	可能的日期	生日
妮娜	153	3 × 3 × 17	9.17	9.17
海伦娜	128	2 × 2 × 2 × 2 × 2 × 2 × 2	8.16	8.16
尼古拉斯	135	3 × 3 × 3 × 5	9.15、5.27	5.27
马克思	81	3 × 3 × 3 × 3	9.9、3.27	3.27
卢比	42	2 × 3 × 7	3.14、7.6 2.21、6.7	6.7
汉娜	14	2 × 7	1.14、2.7、7.2	2.7
雷欧	300	2 × 2 × 3 × 5 × 5	10.30、12.25	12.25
玛蕾娜	187	11 × 17	11.17	11.17

续表

姓名	乘积	分解	可能的日期	生日
阿德里安	130	2 × 5 × 13	10.13、5.26	10.13
贝拉	52	2 × 2 × 13	2.26、4.13	4.13
保罗	3	3	3.1、1.3	1.3
莉莉	49	7 × 7	7.7	7.7

习题 36*

在 8 个盒子里分别有相同数量的螺丝钉，现在从每个盒子中分别取出 30 颗螺丝钉。之后，8 个盒子里的螺丝钉数量和最初的两个盒子里的螺丝钉数量一样。请你求出每个盒子里原本有多少颗螺丝钉？

在取走一部分螺丝钉后，盒子里的数量减少到 1/4。因此，240（=8 × 30）颗螺丝钉对应原本螺钉数量的 3/4。所以原本共有 320 颗螺丝钉，且每盒有 40 颗。

习题 37**

303 030 303 的平方（$303\ 030\ 303^2$）除以 303 030 302 的余数是多少？

我们用 a 表示除数 303 030 302，$303\ 030\ 302^2=(a+1)^2=a^2+2a+1$。所以，这个数除以 a 的余数为 1。

习题 38***

如下图所示，在平面中给出两个点 A 和 B，在只使用圆规的情况下，你能在平面中画出点 C 且使它恰好位于点 A 和点 B 的连线上吗？

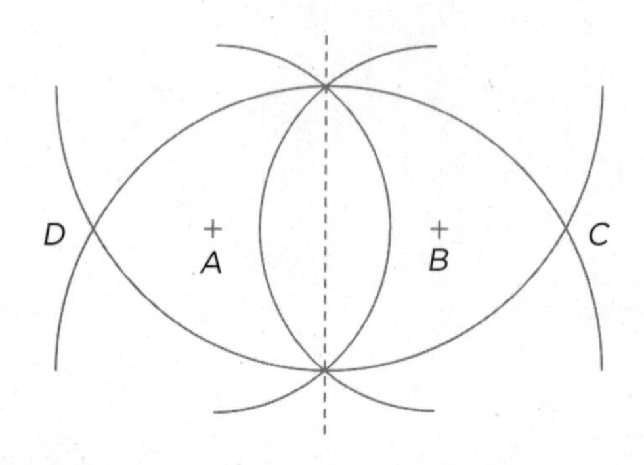

首先，假设我们已把线段 AB 平分。然后，我们用圆规取一个长度，大约等于线段 AB。我们将圆规定在 A 点并在那条假想的连接线的上下方各画一个圆弧段。之后，我们在 B 点重复此操作，不要改变圆规所取的长度。

这些小圆弧段在假想线的上下方相交，形成两个交叉点。现在我们将圆规两脚之间的距离扩大一些，并分别以先前那两个交叉点为圆心，绘制两个直径相同的圆。这两个圆在点 C 和点 D 处相交，且两点都位于通过 A 和 B 的直线的延长线上。

习题 39***

这次掷骰子游戏，我们换一个规则：如果一个人掷出的点数是偶数，那么就用他的分数加这个数；如果是奇数，则用他的分数减去这个数。如果一个人连续掷了五次，有两次的点数相同，其余三次各不相同。最后，正负分刚好抵消。请问，他掷出了哪些点数？

如题所示，骰子掷出了 4 个不同的点数，其中一面出现了两次。奇数骰子点数一定是偶数，这样它才可以抵消无论怎么加和都是偶数的偶数点数。因此有 3 种可能性，如下：

1. 两次相同的奇数点数，加上三次不同的偶数点数。偶数点数唯一的可能性是 2 + 4 + 6 = 12。这个点数不能用 2×（ – 5 ）抵消，可能性排除。

2. 两次不相同的奇数点数，加上两次相同的偶数点数，其中一个偶数出现两次。唯一可能的答案是 – 3、– 5、2、2、4。

3. 三次不相同的奇数点数，其中一个出现两次，加上一次偶数点数。该可能性不存在，因为此时负数点数大于 9（= 1 + 3 + 5），因而不能通过正数点来抵消。

习题 40****

5 名黑手党成员在午夜时相约在一个漆黑的地方见面，准备进行一场决斗，他们彼此之间所站位置的距离各不相同。零点时，每个人用左轮手枪向他身边的人射击一次，并尽量将对方一招致命。请你证明，至少有一名黑手党成员可以幸存下来。

由于黑手党成员之间的距离不同，所以存在两名成员之间的距离最短。我们认为这两人相互射击且都被杀死。现在，我们需要区分两种情况：

1. 如果剩下的 3 名黑手党成员中没有人射击这两名成员，那么这 3 个人中有两个人之间的距离最短。因此，这两个人相互射击，第三个人幸免于难。

2. 这两名成员中至少有一人被另一枚子弹击中，那么剩下的这 3 名男子最多只剩 2 发子弹，所以至少有一个人可以活下来。

习题 41**

请一个观众在纸上任意写一个四位数，比如 3 485。你快速看一眼这个数，并在纸上写下 23 483，但不要给别人看，然后把这张纸折起来放在桌子上。“现在我们用他给出的这个数进行几步运算，”你说，“不过我已经知道结果是什么了。”观众此刻可以再随意写两个四位数，你在他每次写数字之后分别加一个自己选的数，最后你把所有的数字相加，得到的结果是 23 483。

计算示例如下：

观众的第一个数字：	3 485
观众的第二个数字：	7 852
你的第一个数字：	2 147
观众的第三个数字：	4 305
你的第二个数字：	5 694
总和：	23 483

请证明，这种数字戏法的原理是什么？

当观众写第二个数时，你开始想你自己需要的那个数，使得这个数的总和为 9 999。观众在写第三个数的时候，你也要这么做。比如观众写了 7 852，你则想到 2 147；观众写了 4 305，你所想的数就是 5 694。由于这两个数的对应的每位数相加，和始终是 9，随意合起来的四位数为 9 999。

由此可知，五个数的总和始终是观众写的第一个数加上 2 乘以 9 999，即该数加 20 000，然后减去 2。

习题 42**

请你的观众掷两次骰子，同时你要转过身去，不可以看投掷的结果。接下来，观众开始进行下面的计算：把第一次掷骰子得到的点数乘以 2，然后再加 5；上一步的结果乘以 5 再加上第二次掷骰子的点数，之后告诉你结果。此时，你可以立刻说出两次掷骰子的点数，这是为什么呢?

假设变滚动数是 a 和 b，观察者通过计算得到如下等式：$(2a+5)\times5+b=10a+25+b$。如果从等式右边的结果中减去 25，就会得到 $10a+b$。由于 a 和 b 都是一位数，它们正好对应这两个变滚动数，因此能得出两次掷骰子的点数。

习题 43***

请你计算 1~100 的所有数的横加数的总和。

从 1 到 9 的横加数总和为 45（=1+9+2+8+7+3+4+6+5）。从 10 到 19，总和为 45（个位数）加上 10×1（十位上的 1）。从 20 到 29，我们得到横加数为 65（=45+10×2），依此类推。从 90 到 99 的横加数为 135（=45+10×9）。此时，还差 100 的横加数，即 1。因此，所求的横加数的总和为 $10\times45+10\times(1+2+3+\cdots+8+9)+1=20\times45+1=901$。

习题 44***

在这一章里，我介绍了关于欧元的 11 位序列数的数字戏法，但美元的序列号只有 8 位数，你要怎样做才能使这个戏法同样适用呢？

这种用欧元当道具的计数方法可以称作成对横加数，对于美元的序列号来说，横加数有 7 个。此外，你还要求出序列号的第二位和最后一位数的横加数，这个是成对横加数中的最后一个。在计算交替横加数时，你要忽略前面的第一个成对横加数，也就是说，你需要计算的是横加数 2、4、6 和 8 的和，并从中减去横加数 3、5 和 7。最后结果的一半就是序列号的第二位数。其他位的数你用计算欧元纸币序列号的方法即可得出。

习题 45***

这一章的最后所介绍的扑克牌魔术的原理是什么？

把抽出的那 3 张牌平放在桌子上，然后拿起桌子上的 3 堆纸牌：共有 49（=52-3）张牌。被抽出的纸牌位于从底部开始数的第 11 张，也就是从上面数的第 39 张。桌子上的纸牌值分别为 a、b、c，它们都在 1 到 13 之间，然后我们在牌堆上依次放上 13-a、13-b 和 13-c 张牌。由此，最开始的那一堆牌就减

少了 $39-a-b-c$ 张。接下来，我们继续从那堆纸牌中拿去 $a+b+c$ 张牌。当我们拿到最后一张牌时，即从最开始的 49 张牌中一共拿去了 $39-a-b-c+（a+b+c）=39$ 张牌。因此，第 39 张牌恰好就是我们要找的那张观众最初所选的牌。

词汇表*

公理：公理是一种理论的基本原则，而非从其他结论推导得出。数学证明基于公理，公理被预先认定为真。例如，算术公理中的一个例子：自然数 n 有且仅有一个下一项 $n+1$。这个公理在一定程度上定义了自然数集。

底数：对于幂计算 a^b，a 被称为底数，b 被称为指数。

证明：证明是对一个结论的正确性证据。一个证明建立在假定为真的公理和先前已经得到证明的其他结论的基础之上。

二项式：$(a+b)^2=a^2+b^2+2ab$ 和 $(a-b)(a+b)=a^2-b^2$ 都是二项式。此外，$(a-b)^2=a^2+b^2-2ab$ 也被认为是二项式，但严格来说，除了 b 被 $-b$ 取代了之外，它其实就是第一个公式。

卡方检验：人们用卡方检验来检验统计数据，检验某次抽样测试中得到的结果是否满足给定的假设分布。以掷骰子为

* 注：这是作者自己对书中出现的概念所做的解释，并非严格意义上的科学定义。

例：我们掷 60 次骰子并记下每次的点数。从 1 点到 6 点每种都刚好出现 10 次是不可能的。尽管如此，我们也假设骰子的点数是平均分布的。通过卡方检验，我们可以检查实验中获得的点数分布——从统计学的角度来看——是否符合均匀分布。

指数：对于幂计算 a^b，a 被称为底数，b 为指数。

函数：函数合之间的映射。一个集合（x）中的每个元素都与另一个集合（y）中的一个元素对应。表达式为 $y=f(x)$。

全等：如果两个几何图形可以通过平行位移、旋转、镜像或这三种操作的其他组合相互转换，那么它们彼此全等。

圆周率 π：π 是一个数学常数，它由圆周与圆直径之比定义。π 也是一个非理数，最开始的几位是 3.14159…

交叉相乘：交叉相乘是算术中的一种计算方法，通过该方法计算得到两个数乘积的每位数，两个数都至少为两位数。例如：23×41，个位是 $3\times1=3$，十位是 $3\times4+2\times1=14$，十位写 4，记 1。百位是 $2\times4+1$（之前记下的）$=9$。最后的结果是 $23\times41=943$。

对数／求对数：如果 x 满足公式 $b=a^x$，那么 x 叫作以 a 为

底数的 b 的对数，人们也将其写作 $x=\log_a b$。求对数也就是计算数字的对数的过程。

集合：在数学的一个分支集合论中，单个元素，如数字，被总结成一个集合。集合可以包含无限个元素，就好像自然数集合那样，或者不包含任何元素——这样的集合被称为空集。当比较两个或多个集合时，数学家通常对两种元素感兴趣：一是那些在所有集合中都出现的元素，二是那些至少属于一个集合的元素。

Modulo（带余除法或模除）：专业术语为“modulo”，缩写为 mod。数学家用它来表示一个自然数除以另一个自然数的余数。

他们将 8 除以 3 的余数记作：8 mod 3=2。

加法和乘法的余数计算遵循如下规则：

$(b \times a) \bmod n = b \times (a \bmod n)$

$(a + b) \bmod n = a \bmod n + b \bmod n$

莫比乌斯环：莫比乌斯环是拓扑学中的一个二维结构。制作莫比乌斯环的过程如下：先将一条长纸带做成一个没有扭转的环，接下来将纸带的一端旋转 180 度，再将两端粘在一起。在莫比乌斯环中，人们既无法区分纸带的上下，也无法区分它的内外。

分母：有理数 r 总是可以表示为两个整数 a 和 b 的分数或商：$r=a/b$。在这里，我们将 a 称为分子，b 称为分母。

多边形：一个多边形（也称为多角形）是一个至少拥有三个角的平面几何图形。角之间由线相互连接，形成一个由多边形封闭包围的表面。

多项式：多项式是一个或多个变量的幂的倍数之和。指数只可以是自然数。多项式可以表达为 $a_nx^n+a_{n-1}x^{n-1}+\cdots+a_1x+a_0$。

幂：幂是一个可以用 a^b 形式表达的数。其中 a 称作底数，b 称作指数。

质数：质数是一个大于 1 且只能被 1 和它自身整除的自然数。

平方根：当等式 $y^2=x$ 成立时，数 x 的平方根是数 y，表达式为 $y=\sqrt{x}$。

求平方数：求平方数即将该数与自己相乘。

横加数：横加数是一个数的每位数相加之和，如 111，即 1+1+1=3。

商：商是一个可表达为分数 a / b 形式的数。

定理：定理是数学中必须经过证明才能得到的结论，其基础是公理和其他正确性已经得到证明的定理。

相加数：相加数是用来与另一个数相加的数。

除数：当 t 为自然数 a 的除数时，a 除以 t 不会产生余数。除数本身为一个自然数。

相：一个相即一个数学表达式，可以包含数字、变量和数学运算符号，如加号、减号及括号。例如，下列表达式即为一个相：$ax+5$。

拓扑学：拓扑学是数学的一个分支。它研究的是几何图形改变形状后还能保持不变的一些性质。例如，杯子和甜甜圈在拓扑学看来是相同的。

不等式：不等式意味着不等号的左右两个表达式的大小不同。

变量：变量是一个大小不确定或尚未确定的数，因此变量由字母表示。

内角和：三角形的内角和是 180°，四边形的内角和是 360°。在一个 n 角形里内角和的通用公式为（n-2）×180°。

根：根通常是指数 x 的平方根，即表达式 $y^2=x$ 中的数 y。人们还可以计算数字的三次方或任意的 n 次方根，即求 $x=q^3$ 和 $x=r^n$ 中的数 q 和 r，表达式为 $q=\sqrt[3]{x}$ 和 $r=\sqrt[n]{x}$。

整数：整数集包括所有自然数和它们的相反数（负号标记）。

无理数：无理数是一个无限的非周期数，不能表示为两个整数的商。例如，2 的根和圆周率 π 都是无理数。

自然数：所有自然数的集合定义如下：最小的自然数为 0；每个自然数 n 有且只有一个下一项 $n+1$；所有大于零的自然数只有一个前一项。

有理数：有理数 r 总是可以表示为两个整数 a 和 b 的商：$r=a/b$，其中 b 不等于 0。

超越数：如果数字 t 不是任何一个具有有理系数的多项式的根（或称零点），则数 t 被称为超越数。圆周率 π 就是超越数。

分子：有理数 r 总是可以表示为两个整数 a 和 b 的分数或商：$r=a/b$。在这里，我们将 a 称为分子，b 称为分母。

常用对数：常用对数是一个以 10 为底数的对数。

致 谢

在写这本书时，我真的兴奋不已。当然，这一切都不是我独自一人可以做到的。我要特别感谢德国几维出版社的编辑桑德拉·海因里希（Sandra Heinrici），这是第二本由她辅助我出版的数学书，她向我提供了尽可能多的支持。同时，我还要感谢莫里茨·菲尔兴（Moritz Firsching）为我检查和审核那些冗长复杂的几何证明，感谢来自明镜出版社的我的经纪人安格·梅特（Angelika Mette）、托马斯·沃格特（Thomas Vogt）和君特·齐格勒（Günter M. Ziegler），我们之间进行了许多关于数学方面的激动人心且让我备受启发的对话。此外，我还要感谢一直容忍我时常深陷思考而忽略他们的家人。